Grundlagen der Schweineproduktion

Tierische Produktion

Gottfried Brem

Grundlagen der Schweineproduktion

41 Abbildungen, 21 Tabellen

Ferdinand Enke Verlag Stuttgart 1982

Dr. Gottfried Brem
Institut für Tierzucht und
Tierhygiene der Universität München
Veterinärstraße 13
D-8000 München 22

CIP-Kurztitelaufnahme der Deutschen Bibliothek

Brem, Gottfried:
Grundlagen der Schweineproduktion / Gottfried Brem. – Stuttgart : Enke, 1982.
    ISBN 3-432-92791-6

Alle Rechte, insbesondere das Recht der Vervielfältigung und Verbreitung sowie der Übersetzung, vorbehalten. Kein Teil des Werkes darf in irgendeiner Form (durch Fotokopie, Mikrofilm oder ein anderes Verfahren) ohne schriftliche Genehmigung des Verlages reproduziert oder unter Verwendung elektronischer Systeme verarbeitet, vervielfältigt oder verbreitet werden.

© 1982 Ferdinand Enke Verlag, P.O. Box 1304, D-7000 Stuttgart 1 – Printed in Germany
Satz und Druck: Maisch & Queck, Gerlingen

Vorwort

Die laufende Vertiefung unseres Wissens in allen Bereichen der Schweineproduktion und die raschen Veränderungen in der Schweinezucht und Produktionstechnik haben eine ständige Erweiterung des Buchangebotes zur Folge. Trotzdem ist es schwierig, die Grundlagen der Schweineproduktion in kurzer anschaulicher Form und ohne Voraussetzung von Grundwissen vermittelt zu bekommen. Diese Lücke soll das vorliegende Buch von Dr. Brem ausfüllen. Es behandelt die Grundlagen der Schweineproduktion in umfassender und ausgewogener Form, ohne zu sehr in das Detail zu gehen. Es spricht vor allem den Personenkreis an, der ohne wesentliche Vorkenntnisse zu besitzen, sich im Rahmen der Ausbildung oder Berufsausübung mit der Schweineproduktion zu befassen hat. Es bietet dem interessierten Leser die Möglichkeit, sich rasch ein gutes Gesamtwissen über dieses weite Gebiet zu erarbeiten. Darüber hinaus enthält es aber auch wertvolle Informationen und Anregungen für Praktiker, Berater, Tierärzte etc.

Ich hoffe und wünsche, daß dieses Lehrbuch meines Mitarbeiters seinen Zweck erfüllen wird.

Prof. Dr. H. Kräußlich

Inhalt

1 Schweineproduktion in der Bundesrepublik Deutschland 1

1.1 Bedeutung der Schweineproduktion.................... 1
1.2 Vermarktung.. 3
1.2.1 Schweinezyklus 3
1.2.2 Mastferkel- und Mastschweinemarkt 5
     Mastferkel.. 5
     Mastschweine 6
1.2.3 Zuchttiermarkt..................................... 6

2 Grundlagen der Züchtung 8

2.1 Abstammung und Zuchtgeschichte.................... 8
2.2 Schweinerassen 11
2.2.1 Deutsche Landrasse – DL 12
2.2.2 Deutsche Landrasse B (Belgische Landrasse) – LB 15
2.2.3 Deutsches weißes Edelschwein – DE 15
2.2.4 Deutsches Piétrainschwein – PI 18
2.2.5 Duroc 18
2.2.6 Hampshire 18
2.3 Die Lebendbeurteilung von Zuchtsauen und Ebern..... 20
2.3.1 Gesundheit 20
2.3.2 Geschlechtscharakter, Typ, Konstitution............. 22
2.3.3 Ausformung einzelner Körperteile................... 22
2.4 Zuchtmethoden 24
2.4.1 Reinzucht... 24
2.4.2 Kreuzungszucht 25
     Zweirassenkreuzung 25
     Dreirassenkreuzung 25
     Hybridzüchtung 26
2.5 Leistungsprüfungen in der Schweinezucht 26
2.5.1 Zuchtleistungsprüfung.............................. 28
2.5.2 Mast- und Schlachtleistungsprüfung 29
     Eigenleistungsprüfung (ELP) auf Station............. 29
     Eigenleistungsprüfung im Feld 30
     Geschwister-/Nachkommenprüfung auf Station...... 31
     Stichprobentest von Kreuzungsprodukten 32
2.6 Zuchtziel und Züchtung............................. 33
2.7 Zuchtwert und Zuchtwertschätzung beim Schwein 34
2.7.1 Einzelzuchtwert 36
2.7.2 Gesamtzuchtwert (Index).......................... 36

3 Grundlagen der Ernährung ... 38

- 3.1 Verdauungsorgane ... 38
- 3.1.1 Anatomie ... 38
- 3.1.2 Funktion ... 40
- 3.2 Intermediärstoffwechsel ... 41
- 3.2.1 Energie ... 41
- 3.2.2 Protein ... 41
- 3.2.3 Mineralstoffe ... 42
- 3.2.4 Vitamine ... 44
- 3.2.5 Wasser ... 45
- 3.3 Futtermittelbewertung ... 46
- 3.3.1 Nährstoffgehalt und Verdaulichkeit ... 46
- 3.3.2 Energiebewertung ... 47
- 3.4 Rationsgestaltung ... 49

4 Grundlagen der Haltung ... 51

- 4.1 Stallklima ... 51
- 4.1.1 Spezielle Anforderungen von Schweinen an das Stallklima ... 51
  - Temperatur ... 51
  - Luftfeuchtigkeit ... 52
  - Luftbewegung ... 53
  - Zusammensetzung der Stalluft ... 53
  - Beleuchtung ... 54
- 4.1.2 Beeinflussung des Stallklimas ... 54
  - Standortwahl ... 55
  - Raumumschließende Bauteile ... 55
  - Lüftungsanlagen ... 55
  - Heizung ... 58
- 4.2 Stallbau und Stalleinrichtung ... 59
- 4.2.1 Wände und Decken ... 59
- 4.2.2 Boden ... 60
- 4.2.3 Buchten ... 61
- 4.2.4 Futtertröge ... 62
- 4.2.5 Tränkeeinrichtungen ... 62
- 4.3 Fütterungstechnik ... 63
- 4.3.1 Futterlagerung und -zubereitung ... 63
- 4.3.2 Futterzuteilung ... 64
- 4.4 Entmistungssysteme ... 65
- 4.4.1 Festmistverfahren ... 65
  - Mobile Geräte ... 66
  - Stationäre, halbmechanische Entmistungsverfahren ... 66
  - Stationäre, vollmechanische Entmistungsverfahren ... 66
  - Lagerung von Festmist ... 67
- 4.4.2 Flüssigmistverfahren ... 68
  - Fließmistverfahren ... 68

	Stau-Schwemmverfahren	69
	Speicherverfahren	70
	Lagerung von Flüssigmist	70
4.5	Haltungsverfahren	71
4.5.1	Zuchtschweine	71
4.5.2	Ferkel	73
4.5.3	Mastschweine	73

5	**Hygiene und Gesundheit in Schweinebeständen**	76
5.1	Hygienemaßnahmen in Schweinebeständen	77
5.1.1	Bauliche Einrichtungen	77
5.1.2	Betriebssysteme	77
5.1.3	Reinigung und Desinfektion	78
5.1.4	Entwesung	78
5.1.5	Quarantäne, Krankenisolierung, Tierkörperbeseitigung und Kontrolle des Personen- und Fahrzeugverkehrs	79
5.1.6	Futter- und Wasserhygiene	79
5.2	Aufbau gesunder Schweinebestände	80
5.3	Tierärztliche Bestandsbetreuung	81
5.3.1	Struktur der tierärztlichen Versorgung	82
5.3.2	Aufgaben der tierärztlichen Bestandsbetreuung	82
	Präventive Maßnahmen (Vorbeugung gegen Krankheiten)	83
	Prophylaktische Maßnahmen (Verhütung von Krankheiten)	83
	Therapeutische Maßnahmen (Behandlung von Krankheiten)	83
5.3.3	Herdendiagnostik	83

6	**Tier- und Umweltschutz**	85
6.1	Verhalten der Schweine	85
6.1.1	Spezifische Verhaltensmuster	85
6.1.2	Sozialverhalten	86
6.2	Tierschutz	86
6.2.1	Tierschutzgesetz	86
6.2.2	Schweinehaltungsverordnung (Entwurf)	87
6.2.3	Transport von Schweinen	88
6.3	Umweltschutz in der Schweineproduktion	88
6.3.1	Umweltbelastungen	89
6.3.2	Maßnahmen zur Verminderung der Umweltbelastungen	90
	Geruchsbelästigungen	90
	Gewässer- und Grundwasserverunreinigung	91
	Verbreitung von Krankheitserregern	91

7	**Organisation der Schweineproduktion**	92
7.1	Tierzuchtgesetz	92
7.2	Dachorganisationen	93

7.3	Züchtervereinigungen	93
7.4	Zuchtunternehmen	94
7.5	Leistungsprüfungsorganisationen	95
7.6	Besamungsorganisationen	96
7.7	Erzeugerringe	97
7.7.1	Leistungs- und Wirtschaftlichkeitskontrolle	98
7.7.2	Beratung der Mitgliedsbetriebe	99
7.8	Erzeugergemeinschaften	100
7.9	Sonstige Fördermaßnahmen	100
8	**Wirtschaftlichkeit der Schweineproduktion**	102
8.1	Betriebsformen der Schweineproduktion	102
8.1.1	Herdbuchbetriebe	102
8.1.2	Hybridzuchtbetriebe	102
8.1.3	Ferkelerzeugerbetriebe	103
8.1.4	Kombinierte Betriebe	104
8.1.5	Mastbetriebe	104
8.2	Betriebswirtschaftliche Grundbegriffe	104
8.3	Ökonomische Leistungsmerkmale	105
8.3.1	Ferkelproduktion	105
8.3.2	Schweinemast	106
Literatur		108
Register		110

1 Schweineproduktion in der Bundesrepublik Deutschland

1.1 Bedeutung der Schweineproduktion

Die große Bedeutung der Schweineproduktion in der Bundesrepublik Deutschland läßt sich am besten aufzeigen, wenn man deren jährlichen Produktionswert betrachtet: mit insgesamt 11 Milliarden DM entfallen auf die Schweineproduktion ca. 20% des Gesamteinkommens der Landwirtschaft und etwa 30% der tierischen Produktion.

Bei einem Gesamtfleischverbrauch von 91,5 kg pro Kopf und Jahr stieg der Verzehr an Schweinefleisch ohne Schlachtfette (8 kg) im Jahre 1980 in der Bundesrepublik auf 50 kg. Damit liegen die Bundesdeutschen an erster Stelle in der Welt. Der Schweinefleischbedarf wurde zu 87% aus der Inlandserzeugung gedeckt. Die Bundesrepublik ist mit über 37 Millionen geschlachteten Schweinen (1980) der größte Schweinefleischerzeuger Westeuropas.

Der Selbstversorgungsgrad der EG beträgt für Schweinefleisch 100%. Die Bundesrepublik importiert vor allem aus den Beneluxstaaten und aus Dänemark Schlachtschweine und Schweinefleisch. In der EG werden 120 Millionen Schweine produziert und pro Kopf 39 kg Schweinefleisch verzehrt.

Im Jahre 1981 wurden in der Bundesrepublik 23,2 Millionen Schweine gehalten. Rund 2,7 Millionen davon waren Sauen. Die Schweinebestände haben seit dem 2. Weltkrieg bis 1981 laufend zugenommen (Tab. 1). Da gleichzeitig die Zahl der Schweinehalter ständig zurückgegangen ist, resultiert daraus eine Zunahme der Bestandsgröße. Während dieser Konzentrationsprozeß weiter zunimmt, steigt der Gesamtschweinebestand nur geringfügig an. Die Veränderungen zeigen sich auch, wenn man zwischen Sauen- und Mastschweinehaltung trennt. Während 1960 im Durchschnitt noch etwa 3 Sauen je Betrieb gehalten wurden, sind es zwanzig Jahre später bereits über 12. Im gleichen Zeitraum ging die Zahl der Sauenhalter um die Hälfte, auf etwa 170 000 zurück. Der durchschnittliche Schweinebesatz pro Betrieb betrug 50 Schweine (1981).

Tabelle 1 Schweinebestand, Anzahl der Schweinehalter und durchschnittliche Betriebsgröße in der Bundesrepublik

Jahr	Schweinebestand (Mio)	Schweinehalter (in 1000)	Bestandsgröße (Schweine je Betrieb)
1950	12	2300	5
1960	15	1700	9
1970	20	1050	18
1976	20,5	660	31
1978	22,6	600	38
1980	22,4	540	42
1981	23,2	470	50

Die Zahl der Schweinehalter insgesamt ging in der Bundesrepublik auf 470000 zurück. Abb. 1 zeigt die Verteilung der Schweinehalter auf die einzelnen Bundesländer.

Einen interessanten Einblick in die Struktur der Schweineproduktion gibt die Aufgliederung nach Bestandgrößenklassen in Tab. 2. Der Vergleich mit den früheren Jahren zeigt, daß der Trend sehr stark zu größeren Einheiten geht. Über die Hälfte aller Sauen wird in Beständen mit mehr als 20 Tieren gehalten. Während der Rückgang der Zahl der Schweinehalter vor allem zu Lasten der bäuerlichen Kleinbetriebe geht, stellt man bei den großen Betrieben eine zahlenmäßige Zunahme fest.

Diese Konzentration führt zu einer Reihe von haltungstechnischen und züchterischen Konsequenzen. Größere Betriebe haben einen gehobenen Mechanisierungsgrad und geringere Betreuungsintensität pro Tier. Damit die Produktion erfolgreich bleibt, muß deshalb die Fachkenntnis der Schweinehalter und der -betreuer größer werden. Da die Stückgewinne in den nächsten Jahren stagnieren oder tendenziell leicht fallen werden, dürfte die Steigerung der Betriebsgröße weiterhin anhalten.

Die Schweineproduktion ist nach der Geflügelproduktion der Produktionszweig, bei dem die stärksten Tendenzen in Richtung industriemäßig betriebener Tierproduktion festzustellen sind. Vor allem die Schweinemast gerät zusehends in den Sog dieses Intensivierungs- und Strukturwandelprozesses. Neben dem hohen Kapitalbedarf für Investition und Produktion unterstützt die noch stärkere Verlagerung der Schweinehaltung in die traditionellen Schweineerzeugergebiete der Ackerbauregionen die Bildung größerer Einheiten.

Diese regionale Konzentration der Schweineproduktion innerhalb der Bun-

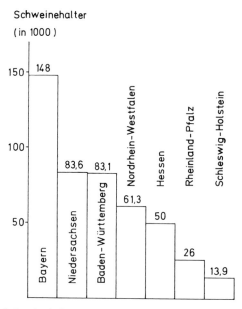

Abb. 1 Anzahl der Schweinehalter in den einzelnen Bundesländern (1981)

Tabelle 2 Bestandsgrößenklassen in % (1979)

	Schweine je Bestand			
1 – 19	20 – 49	50 – 199	200 – 399	>400
9,2%	13,0%	35,9%	20,7%	21,2%
	Sauen je Bestand			
1 – 4	4 – 9	10 – 19	20 – 49	> 50
8,3%	10,6%	19,7%	35,1%	26,3%
	Mastschweine je Bestand			
1 – 19	20 – 49	50 – 199	200 – 399	>400
19,4%	14,8%	33,3%	19,3%	13,2%

desrepublik ist vor allem auch aus marktwirtschaftlicher Sicht bedeutsam. Während sich die Ferkelproduktion auf das Gebiet Weser-Ems, Nordrhein-Westfalen und auf einzelne Regionen in Hessen, Baden-Württemberg und Bayern konzentriert, sind Produktionsschwerpunkte der Schweinemast in Niedersachsen, Westfalen, Schleswig-Holstein, Franken und Altbayern. So deckt der Ferkelüberschuß aus Süddeutschland (mehr als 1 Million pro Jahr) den Bedarf der norddeutschen Mästereien. Insgesamt werden in Norddeutschland doppelt soviele Schweine gehalten wie in Süddeutschland.

1.2 Vermarktung

1.2.1 Schweinezyklus

Der Ferkel- und Schlachtschweinemarkt in der Bundesrepublik Deutschland ist mit einem charakteristischen Phänomen, dem sog. Schweinezyklus verbunden. Unter dem Begriff Schweinezyklus versteht man gemeinhin die periodischen Angebots- und Preisschwankungen auf dem Ferkel- und Mastschweinemarkt. Die Hauptursache dieser Schwankungen ist in der Flächenunabhängigkeit und damit in der Produktionselastizität der Schweineerzeugung zu sehen.

Bei flächenunabhängiger Produktion ist der Umfang des Produktionsausstoßes bei ausreichendem Kapital relativ leicht zu verändern. Grenzen werden nur durch die Stallplatz- und Arbeitskapazität gesetzt, nicht aber durch die landwirtschaftliche Nutzfläche. Die Auslastung der Arbeits- und Stallkapazität ist variierbar. Der Betriebsinhaber eines Klein-, Mittel- oder Nebenerwerbsbetriebes kann seine Produktion natürlich leichter anpassen als derjenige, der eine Intensivhaltung mit Schweinen betreibt.

Unter dem mehrjährigen Schweinezyklus versteht man die immer wiederkehrende Aufeinanderfolge von Jahren mit hohem Preisniveau auf Jahre mit niedrigem Preisniveau und umgekehrt. Seit dem Beginn des gemeinsamen

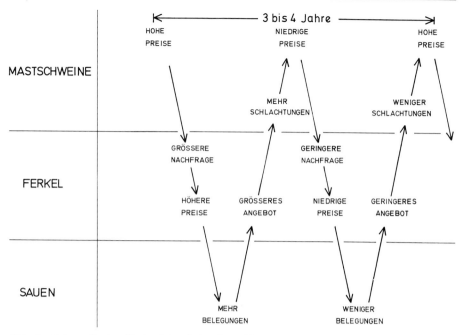

Abb. 2 Schematischer Verlauf des Schweinezyklus

Schweinemarktes der EG haben sich die zyklischen Schwankungen eher noch verstärkt. Der wellenförmige Verlauf wiederholt sich im Rhythmus von 3 bis 4 Jahren. Die Ursachen der Preisänderungen liegen in den Angebotsschwankungen. Diese wiederum werden durch ein prozyklisches Verhalten (jeder Mäster verhält sich so, wie es der Trend vorgibt) eines Teils der Produzenten ausgelöst. Beginnend mit einer Marktlage, bei der für Schlachtschweine gute Preise zu erzielen sind, läuft der Zyklus folgendermaßen ab (Abb. 2):

1. Der hohe Schlachtschweinepreis regt diejenigen Betriebsinhaber, die ihre Produktion (weil sie noch freie Kapazitäten haben) ausdehnen können, dazu an, mehr Schweine zu mästen.
2. Dadurch steigt die Nachfrage nach Ferkeln. Da diese aber nicht sofort zur Verfügung stehen, führt die Knappheit zu einem Anstieg des Ferkelpreises.
3. Der gestiegene Ferkelpreis motiviert wiederum die Ferkelerzeuger, mehr Sauen aufzustallen und mehr Ferkel zu produzieren.
4. Die zusätzlich produzierten Ferkel führen nach ihrer Ausmästung zu einem Überangebot am Schlachtschweinemarkt. Die Folge sind sinkende Preise für Mastschweine.
5. Wegen der niedrigen Preise reduzieren die Mäster ihren Produktionsumfang. Es werden weniger Ferkel nachgefragt, das Überangebot der Ferkel drückt auf die Preise.
6. Die gesunkenen Ferkelpreise führen zu einer Verringerung der Zuchtsauenhaltung. Es werden weniger Ferkel produziert und letztendlich auch weniger Schweine gemästet.

7. Am Markt wird die Nachfrage nach Schlachtschweinen wieder größer als das Angebot. Demzufolge steigen die Preise. Der Zyklus beginnt von vorne.

Eigentlich müßte man erwarten, daß sich die Situation nach einigen Zyklen einspielt. Dem ist jedoch nicht so, denn die Schwankungen entstehen vor allem dadurch, daß die Produktionsänderungen immer überschießend erfolgen. Die Regelmäßigkeit des Zyklus ist zwar nicht so exakt, wie dies in der vereinfachten Darstellung den Anschein haben mag, aber in großen Zügen lassen sich die angesprochenen Schwankungen bereits seit einigen Jahrzehnten beobachten. So waren in den Jahren 1966, 1969, 1973, 1976, 1979 und 1981 die Lebendgewichtpreise bei den Mastschweinen um jeweils 15 bis 30% höher als in den dazwischenliegenden Preistälern.

Es hat nicht an Versuchen gefehlt, den Schweinezyklus zu durchbrechen bzw. sich durch antizyklisches Verhalten Vorteile zu verschaffen. Abgesehen von den psychologischen Problemen, die sich dabei ergeben, wenn man teure Ferkel kaufen soll, obwohl der Mastschweinepreis niedrig ist, gibt es auch noch andere Gründe, die eine positive Ausnutzung des Zyklus durch den Produzenten vereiteln. So ist eine auf den Zeitraum einiger Wochen genaue Vorhersage des Zyklusstandes nicht möglich. Die produzierten Schweine, sowohl die Ferkel als auch die fertigen Mastschweine, müssen aber nach Erreichen der Marktreife innerhalb weniger Tage bzw. maximal in Wochenfrist vermarktet werden. Zusätzlich wird der Zyklus durch andere Faktoren noch verschleiert oder überlagert. Erwähnt seien hier nur die jahreszeitlichen Schwankungen: Mastschweine bringen im Schnitt während der Herbstmonate höhere Preise als im Frühjahr, Ferkel werden in den ersten Monaten des Jahres besser bezahlt.

Langfristig ist anzunehmen, daß sich der Schweinezyklus durch die zunehmende Spezialisierung und Vergrößerung der Betriebseinheiten wegen der Verminderung der kurzfristigen Produktionselastizität abschwächen wird. Trotzdem ist auch in den nächsten Jahren damit zu rechnen, daß der Schweinemarkt mit erheblichen Preisschwankungen aufwarten wird. Die dadurch bedingte Unsicherheit für die Rentabilitätslage zwingt die Betriebe zu einer kontinuierlichen Produktion. Nur so können die unterschiedlich hohen Gewinne (oder gar Verluste) im mehrjährigen Durchschnitt zu einem einigermaßen kalkulierbaren Betriebsergebnis ausgeglichen werden.

1.2.2 Mastferkel- und Mastschweinemarkt

Mastferkel

Die Ferkelproduktion hat sich erst in den letzten 20 Jahren als eigenständige Betriebsform herauskristallisiert. 1980 hatte das gesamte Ferkelaufkommen (36 Millionen Ferkel) einen Produktionswert von über 3,3 Milliarden DM. Etwa 11 Millionen von diesen Ferkeln wurden im sogenannten geschlossenen System gehalten, d. h. die Ferkel wurden von den Zuchtsauenhaltern im eigenen Betrieb zu Schlachtschweinen gemästet.

Ausgangspunkt der Spezialisierung vieler Betriebe auf die Ferkelproduktion war der sich aus der Expansion der Schweinemast ergebende verbesserte Absatz von Ferkeln. In weiten Bereichen liegt die Vermarktung in den Händen von Erzeugergemeinschaften (siehe unter 7.8). Von den in Bayern 1977 abgesetzten 1,7 Millionen Ferkeln wurden 50% über Erzeugergemeinschaften, 30% über Handel und 20% über Direktabsatz vermarktet. In Bayern wurden im gleichen Zeitraum über 6 Millionen Ferkel produziert. Die Selbstvermarktung von Ferkeln, also der direkte Verkauf an Mastbetriebe ohne Zwischenhandel, ist rückläufig.

Der Ferkelpreis betrug 1979 pro 20 kg Ferkel im Durchschnitt über alle Absatzwege 84 DM ohne MwSt. Nur schätzungsweise ein Viertel der derzeit produzierten Ferkel genügt neben den Anforderungen an die Mastleistung auch den Erfordernissen an die zu erwartende Fleischqualität.

Mastschweine

Differenziert man den Schlachtschweineanfall nach Bundesländern, so hat Niedersachsen mit 28% den größten Anteil am Gesamtaufkommen. Es folgen Nordrhein-Westfalen mit 27% und Bayern mit 17%.

Die Lebendvermarktung der Schlachtschweine über Großmärkte ist rückläufig (1979 bereits knapp unter 7% der Gesamtschlachtschweine). Dagegen ist die Geschlachtetvermarktung über Versandschlächtereien und Fleischwarenfabriken von großer Bedeutung. Die meisten Schlachtschweine wurden auf diesem Weg vermarktet. Der Referenzpreis der EG lag Anfang 1982 bei 425 DM pro 100 kg Schlachtgewicht.

Insgesamt wurden 1979 in der Bundesrepublik 36,6 Millionen Schweine geschlachtet. Von diesen wurden 0,5 Millionen Schweine in andere Länder exportiert. 1979 hat die Bundesrepublik, vornehmlich aus EG-Ländern, 4,5 Millionen Schweine importiert.

Die künftige Marktentwicklung ist abhängig von der Entwicklung der Größe der Bevölkerung und deren Einkommen und Verzehrsgewohnheiten sowie von der Preisentwicklung für Schweinefleisch bzw. konkurrierender Produkte (Geflügel-, Rindfleisch etc.). Langfristig dürften sich die Absatzbedingungen für Schweinefleisch günstig entwickeln (pro Jahr etwa 1% Zunahme des Mastschweinebestandes).

1.2.3 Zuchttiermarkt

Die Landeszucht bezieht von den Reinzuchtbetrieben (Herdbuchbetrieben) Jungsauen und Jungeber zur Ferkelproduktion. Mengenmäßig stellt die Vermarktung der Zuchttiere nur einen relativ kleinen Anteil am Gesamtproduktionswert der Schweinehaltung, der sich auf über 11 Milliarden beläuft, dar. Der jährliche Umsatz beim Zuchtviehverkauf beträgt nur etwa 80 Millionen DM. Trotzdem fällt dieser Zuchttierproduktion im Rahmen der arbeitsteiligen Schweineproduktion eine wichtige Rolle zu. Die Herdbuchbetriebe betreuen etwa 30 000 Stammsauen und pro Jahr werden 100 000 Zuchttiere – annähernd gleich viel Sauen und Eber – vermarktet. Bei einem Bestand von 2 Millionen

Sauen und einer Nutzungsdauer von 2 Jahren besteht aber ein jährlicher Remontierungsbedarf in Höhe von 500000 Sauen. Das bedeutet, daß etwa 90% aller neu aufgestallten Jungsauen nicht aus der Herdbuchzucht kommen, sondern von der Landeszucht bzw. neuerdings auch von der Hybridzucht bereitgestellt werden.

Gedeckte Jungsauen der Deutschen Landrasse erbrachten 1979 einen Durchschnittspreis von 806 DM. Rasseunterschiede wirken sich sehr stark auf die Absatzpreise aus. So bezahlte man beispielsweise für Tiere der Rasse Piétrain mit 1381 DM für einen Eber und 1067 DM für eine Sau wesentlich mehr. Die Belgische Landrasse liegt mit Eberpreisen von 1052 DM und Sauenpreisen von 844 DM zwischen den beiden vorgenannten Rassen. Exportiert werden pro Jahr nur etwa 1000 Zuchttiere, 40% davon sind Eber, die restlichen 60% tragende oder deckfähige Jungsauen. Die Vermarktung der Zuchttiere läuft entweder direkt ab Hof oder über öffentliche Absatzveranstaltungen.

Durch den Aufbau von Hybridzuchtprogrammen und die in diesen Programmen integrierten Vermehrungsbetriebe entstand eine weitere Quelle für die Produktion von Jungsauen. Dabei werden von den Vermehrungsbetrieben vor allem ungedeckte Jungsauen verkauft.

2 Grundlagen der Züchtung

2.1 Abstammung und Zuchtgeschichte

Unsere Hausschweine gehören zur Gattung der echten Schweine (Sus) und sind höckerzähnige, nicht wiederkäuende Paarhufer. Sie stammen von Wildschweinen ab, die in den gemäßigten bis wärmeren Klimazonen des eurasischen Kontinents beheimatet waren. Das Verbreitungsgebiet erstreckte sich ausgehend vom 55. Breitengrad im Norden bis nach Südafrika im Süden und nach Osten über Palästina und Mesopotamien bis zum Indischen Ozean nach China. Bevorzugte Lebensräume des Wildschweines waren sumpfige bis dschungelartige Wälder, Uferröhrichte und Gebüsche. Als Allesfresser konnten sich die Wildschweine mannigfaltige Nahrungsquellen erschließen.

Bedingt durch die in dem großen Verbreitungsgebiet angetroffenen unterschiedlichen Klima- und Futtervoraussetzungen bildeten sich bereits bei den Wildschweinen 36 verschiedene Unterarten aus, die vor allem in Körperbau und Aussehen voneinander abwichen. Ein Vergleich der beiden bedeutendsten Unterarten mag dies verdeutlichen (Tab. 3). Das europäische Wildschwein (Sus scrofa ferus) und das bereits ausgestorbene asiatische Wildschwein (Sus vittatus) – auch Bindenschwein genannt – sind die beiden wichtigsten Urformen unserer heutigen Kulturrassen.

In der Domestikationsgeschichte herrschte bis zum Ende des 19. Jahrhunderts die Theorie Linnés von der Konstanz der Arten vor. Derzufolge wurden Wildschweine mit verschiedenem Exterieur (äußere Erscheinung) auch als verschiedene Arten bezeichnet. Man nahm an, daß die verschiedenen Hausschweinerassen von verschiedenen Wildschweinearten abstammen. Da neben den wilden auch die domestizierten Schweine eine große Formenvielfalt aufwiesen, war diese Abstammungslehre sehr kompliziert.

Mittlerweile hat sich jedoch eine andere Theorie, die alle Schweinerassen auf eine Art Wildschwein zurückführt, durchgesetzt. Die 36 Unterarten des Wildschweines weisen fließende Übergänge auf. Die Verschiedenheit der Typen ist auf eine Anpassung an verschiedene Umwelten zurückzuführen.

Die Domestikationsgeschichte unserer Hausschweine beginnt 7000 Jahre v. Chr. im vorderen Orient und führt von dort über Griechenland nach Südeuropa. Zwei weitere Domestikationszentren finden sich an der Südküste der Ostsee und in Südostasien (China).

Im asiatischen Raum haben 8 Unterarten des asiatischen Wildschweines (Sus vittatus) die Entstehung der dortigen Hausschweine beeinflußt. Diese asiatischen Schweine waren kleine, feinknochige Tiere mit geringer Rückenspannung. Der extrem frühreife Typ lieferte ein sehr fettes Fleisch. Vor allem zwei Hausrassen müssen genannt werden, das siamesische Schwein und das Maskenschwein. Das siamesische Schwein mit seinen kleinen Stehohren und nur 3 bis 5 Ferkeln pro Wurf fand Verbreitung bis nach Westeuropa und in den Mittelmeerraum. Die sehr fruchtbaren Maskenschweine (15 bis 20 Ferkel pro Wurf), leicht erkennbar an den Schlappohren und der von tiefen Falten durchzogenen

Tabelle 3 Vergleich des europäischen und des asiatischen Wildschweines

	Europäisches Wildschwein	Asiatisches Wildschwein
Vorkommen	Europa, nördliches Afrika, Westasien	Südost-Asien
Körpergewicht	bis zu 200 kg (USSR)	bis zu 100 kg
Körperbau	Karpfenrücken flachrippiger, tiefer Brustkorb lange, kräftige Extremitäten beweglich, legt große Strecken zurück Fettablagerungen unter der Haut und in der Bauchhöhle	klein und rundlich tiefer, gedrungener, walzenförmiger Rumpf feiner Knochenbau keine Speckschichten, sondern Fettablagerung im Bindegewebe des Muskelfleisches
Schädelform	großer Kopf lang und schmal Tränenbein ist langgestreckt und rechteckig	kurz und breit, eingesattelte Profillinie, quadratisches Tränenbein
Haarkleid	lange, kräftige Borsten im Winter dichtes Unterhaarkleid	fast nackt dünner Borstensaum in der Genickpartie
Typ	spätreif	frühreif
Fortpflanzung	1 Wurf/Jahr 4 bis 8 Frischlinge	fruchtbarer als das europäische Wildschwein

Rumpf- und Kopfhaut, erlangten in China und dessen Nachbarländern größere Bedeutung. Beide Formen wurden die Grundlage zahlreicher Landrassen.

Beim Mittelmeerschwein (Sus mediterraneus) unterscheiden wir 7 Unterarten. Die in den Kulturen Kleinasiens und in Ägypten, Griechenland und Italien domestizierten Schweine waren sehr spätreif (bis zu 3 Jahre). Der kleine, langsam wachsende Körper hat eine karpfenartige Form und trockenes, mageres Fleisch. Erst durch die Einkreuzung von siamesischen Schweinen entstanden Schweine mit besseren Gebrauchseigenschaften, aus denen dann die ersten Kulturrassen gezüchtet werden konnten. Welche Bedeutung der Schweinehaltung in den alten Hochkulturen zukam, läßt sich u. a. aus Schilderungen Homers (1000 v. Chr.) entnehmen. Im antiken Rom gab Varro (100 v. Chr.) Empfehlungen über die richtige Schweinezucht. Zwei Würfe pro Jahr sollten durch Absetzen der Ferkel 8 Wochen nach der Geburt erzielt werden. Um nicht ausgemerzt zu werden, mußte eine Sau mindestens soviele Ferkel werfen, wie sie Zitzen hatte.

Bis ins 18. Jahrhundert verlief die Weiterentwicklung der Schweinezucht sehr langsam, obwohl das Schwein über lange Zeiträume große Bedeutung für die Ernährung des Menschen hatte. In der einfachen Dreifelderwirtschaft (Sommergetreide, Wintergetreide, Brache) verblieb für die Schweinehaltung neben Hutungen nur die Bucheckern- und Eichelmast in den weitläufigen Wäldern als Futtergrundlage. Erst im Zuge einer Intensivierung des Feldfutterbaus in der verbesserten Dreifelderwirtschaft (Sommergetreide, Wintergetreide, Hackfrüchte und Klee) änderte sich mit dem Einsatz von Kartoffeln und Getreide die Lage.

Die Wiege der modernen Schweinezucht stand in England. Bakewell (1725–1795) erkannte als erster die sich aus der beginnenden Industrialisierung ergebende verbesserte Absatzlage und begann damit, durch Kreuzung von siamesischen und neapolitanischen Schweinen mit anschließender Selektion eine neue Schweinerasse, die Leicester (gesprochen Lester), zu züchten. Die Gebrüder Colling züchteten unter Rückgriff auf diese Rasse zwei neue Rassen, die kleinen weißen und die kleinen schwarzen Schweine (Small White, Small Black). Diese extrem frühreifen Rassen waren allerdings nicht sehr fruchtbar und hatten auch einen zu starken Fettansatz. Aber Tuley präsentierte 1851 eine großwüchsige, fruchtbare Rasse mit guter Milchleistung, die Yorkshire oder großen weißen Schweine (Large White) und 1852 die mittelgroßen weißen Schweine (Middle White), eine Kreuzung aus Large White und Small White.

Zusammenfassend lassen sich in England im Laufe des 19. Jahrhunderts folgende bedeutenden Rassegruppen aufzeigen:

Englische Rasse	**Deutsche Rasse**
1. Kleine weiße Schweine (Small White)	
2. Kleine schwarze Schweine (Small Black)	
3. Mittelgroße weiße Schweine (Middle White)	
4. Mittelgroße schwarze Schweine (Middle Black)	Dt. Berkshireschwein
5. Große weiße Schweine (Large White)	Dt. Edelschwein Dt. Landrasse
6. Große schwarze Schweine (Large Black)	Dt. Cornwallschwein
7. Schwarz-weiße Schweine (Saddle Back)	Angler Sattelschwein
8. Landschweine (Tamworth)	

Der Umschwung in der deutschen Schweinezucht setzte in den sechziger Jahren des vorigen Jahrhunderts verstärkt ein. In der zweiten Hälfte des 19. Jahrhunderts begann man nämlich damit, die langohrigen einheimischen Landschweine durch Veredelungskreuzung mit englischen Kulturrassen zu verbessern. Ein Hauptrepräsentant der bodenständigen Rassen, das nordwestdeutsche Marschschwein, läßt sich über die keltisch-germanischen Schweine direkt auf das europäische Wildschwein, von dem ihm die Spätreife und die Robustheit geblieben sind, zurückführen. Die zur Verbesserung angepaarten Eber vom Yorkshire-Typ (Large White) stammten aus den neueren englischen Zuchten, die sehr stark vom frühreifen asiatischen Wildschwein geprägt waren.

Nachdem zuerst die englischen Rassen rein weitergezüchtet wurden, begann man bald damit, durch Kreuzungen die vorhandenen Landschläge zu verbessern. Der damit verbundenen Entstehung einer Vielfalt regional verschiedener Kreuzungspopulationen folgte eine Konsolidierungsphase um die Jahrhundertwende. Weiße Edelschweine und Berkshires dominierten, aber daneben erlangten auch die veredelten deutschen Landschweine zunehmende Bedeutung.

Das Vorkriegszuchtziel war vom Wunsch nach einem Fettschwein geprägt. Die modernen Schweinerassen unserer Zeit dagegen sind auf den reinen Fleischschweinetyp ausgerichtet. Abgesehen von den ersten Nachkriegsjahren, in denen man noch Wert auf ein starkes Fettbildungsvermögen legte, versuchte man anschließend ein schnellwüchsiges und fruchtbares Schwein zu züchten, das bei gutem Futterverwertungsvermögen und fleischreichem Schlachtkörper den gewandelten Verbraucherwünschen am ehesten gerecht wurde. Solche Schweine waren in Dänemark bereits gezüchtet worden. Allerdings versuchte Dänemark die Ausfuhr dieses betont fleischwüchsigen Typs durch eine Ausfuhrsperre zu verhindern. Trotzdem gelangte Zuchtmaterial nach Holland.

Durch den Import fleischreicher Schweine aus Holland ließ sich auf dem Weg der Verdrängungs- und Kombinationskreuzung der gewünschte Fleischschweinetyp schneller erreichen als durch Selektion innerhalb der eigenen Landschweine. In den letzten 15 Jahren wurde vor allem aus Belgien Zuchtmaterial (Piétrain und Belgische Landrasse) für Kreuzungsprogramme eingeführt. Die vorläufig letzte Stufe ist der Praxiseinsatz von Hybridschweinen aus Vierrassenkreuzungen. Hier spielen auch die aus den USA importierten Rassen Duroc und Hampshire eine zunehmende Rolle.

2.2 Schweinerassen

Die Bedeutung der einzelnen Schweinerassen hat sich im Laufe der Jahre stark geändert. In Tab. 4 ist der prozentuale Anteil der wichtigsten Rassen an den Herdbuchtieren für die Jahre 1969 und 1979 angegeben. Einer starken Abnahme bei der deutschen Landrasse stehen vor allem gestiegene Anteile bei den fleischbetonten Rassen Piétrain und der Landrasse B gegenüber. Dies weist auf eine starke Zunahme der Kreuzungszucht hin.

Tabelle 4 Entwicklung der Rasseverteilung in der Herdbuchzucht

	1960	1970	1980
Deutsche Landrasse	86,5	93,8	75,0
Deutsches Edelschwein	2,5	1,7	2,0
Piétrain	–	3,6	12,8
Landrasse B	–	–	10,0
Angler Sattelschwein	5,1	0,5	0,2

2.2.1 Deutsche Landrasse – DL
(bis 1968 deutsches veredeltes Landschwein)

Bis zum Ende des 19. Jahrhunderts wurden durch die unabhängigen Kreuzungsprogramme eine Vielzahl verschiedener Lokalformen gezüchtet. Das Fehlen eines einheitlichen Zuchtzieles führte zur Entstehung von sehr unterschiedlichen Exterieur- und Leistungstypen. Erst im Jahre 1904 kristallisierte sich mit der Forderung nach einem langen, tiefen, vollrippigen Schwein ein gemeinsames Zuchtziel für das deutsche veredelte Landschwein heraus.

Die vermehrte Fettnachfrage zwischen den Kriegen und nach dem Zweiten Weltkrieg kam in dem damaligen Zuchtziel zum Ausdruck. Es wurde ein widerstandsfähiges, fruchtbares und schnellwüchsiges Mehrzweckschwein gewünscht, das bei entsprechender Mast mit Schlachtgewichten um 110 kg ein Fleischschwein und mit Schlachtgewichten von 160 kg und mehr ein Speckschwein war. Mit zunehmendem Lebensstandard nach dem Krieg stieg der Bedarf nach hochwertigen, mageren Teilstücken des Schlachtkörpers. Fett war nicht mehr gefragt, aus dem Mehrzweckschwein mußte ein reines Fleischschwein werden. Trotz der hohen Variabilität der deutschen veredelten Landschweine mit den bereits angestrebten fleischreichen Schlachtkörpern bei niedrigeren Endgewichten, konnte die geforderte Fleischfülle durch Selektion allein nicht schnell genug erreicht werden. So erfolgte dann auch – nach der ersten großen Kreuzungsphase mit den englischen Rassen im 19. Jahrhundert – eine zweite massive Veredelungskreuzung.

Diesmal bevorzugte man jedoch den fleischreichen Typ, wie er in Dänemark für den englischen Markt (Baconschwein) gezüchtet wurde. Da es den Holländern gelungen war, sich trotz der Exportsperre, die von Dänemark verhängt worden war, geeignetes Zuchtmaterial zu beschaffen, deckte man den deutschen Bedarf durch Importe aus Holland. Nach einer langen Übergangsphase, in der neben den Kreuzungsprodukten auch die reinen deutschen und holländischen Linien weitergezüchtet wurden, kam es zu einer Konsolidierung mit einheitlichem Zuchtziel: Ein schnellwüchsiges, langes Fleischschwein mit guten Mast- und Schlachteigenschaften, das fruchtbar und konditionsstark ist. Vor allem wird auf einen hohen Anteil wertvoller Teilstücke und gute Ausbildung der Schulter („Vierschinkenschweine") geachtet.

Nicht zuletzt die umfangreiche Einschleusung fremden Genmaterials, die auf weiten Strecken schon mehr einer Verdrängungs- denn Veredelungskreuzung glich, hat – neben der stark fleischorientierten Zuchtzielausrichtung – zur Umbenennung der Rasse beigetragen. Seit dem 1. 1. 1969 führen die früheren deutschen veredelten Landschweine den Namen „Deutsche Landrasse".

Rassekennzeichen: weiße Haut und Borsten, relativ kleine Schlappohren, (Abb. 3 und 4) gering eingesattelte Profillinie, größere Körperlänge als die sehr ähnlichen Schweine der Landrasse B.

Abb. 3 Deutsche Landrasse – Eber

(**Abb. 3–10** Arbeitsgemeinschaft Deutscher Schweineerzeuger e.V., Bonn)

Abb. 4 Deutsche Landrasse – Sau

Abb. 5 Deutsche Landrasse B – Eber

Abb. 6 Deutsche Landrasse B – Sau

2.2.2 Deutsche Landrasse B (Belgische Landrasse) – LB

Die Belgische Landrasse ist auf extrem hohes Fleischbildungsvermögen gezüchtet. In Deutschland wird diese Rasse sowohl in Reinzucht (in erster Linie Herdbuchzucht) gehalten (Landrasse B), als auch in vermehrtem Umfang in Kreuzungsprogrammen eingesetzt. Diese kleinrahmigen Schweine zeichnen sich gegenüber der Deutschen Landrasse vor allem durch eine größere Rückenmuskelfläche, ein besseres Fleisch-Fett-Verhältnis und einen vollbemuskelten, breiten Schinken aus. Andererseits läßt die Fleischqualität Wünsche offen. Der Göfo-Wert (Fleischhelligkeit) liegt niedriger und das helle Fleisch neigt zu höherem Wassergehalt. Dies wirkt sich auf die technologische Verarbeitung negativ aus. Das knapp unter 100 kg liegende Schlachtgewicht wird wegen der schlechteren täglichen Zunahmen etwas später erreicht. Auch die Fruchtbarkeitsleistungen erreichen im Schnitt nicht diejenigen der Deutschen Landrasse.

Rassekennzeichen: weiße Haut und Borsten, Schlappohren, etwas kleinrahmiger und kürzer, aber tiefer und breiter im Körperbau als die deutsche Landrasse, voller Schinken.
(Abb. 5 und 6)

2.2.3 Deutsches weißes Edelschwein – DE

Ähnlich wie die deutsche Landrasse entstand auch das deutsche weiße Edelschwein aus Kreuzungen von unveredelten Landschweinschlägen und englischen Large White (Yorkshire). Durch gezielte Auswahl der hauptsächlich angepaarten Yorkshireeber und Selektionsmaßnahmen, die gegen alle Überbildungen gerichtet waren, entstand zu Anfang unseres Jahrhunderts die robuste Rasse der deutschen Edelschweine. Von Anfang an wurde bei Erhaltung der guten Fruchtbarkeit auf gute Fleischleistung und Schinkenbildung gezüchtet.

Die kontinuierliche Weiterentwicklung der fleischorientierten Zuchtrichtung machte eine zweite Kreuzungsphase in den fünfziger Jahren nicht erforderlich. Das angestrebte Zuchtziel eines frühreifen, raschwüchsigen Fleischschweines mit hervorragender Fruchtbarkeit, bester Futterverwertung und geringer Streßanfälligkeit konnte innerhalb der Population ausreichend realisiert werden. Der gelegentliche Einsatz von Ebern anderer Rassen diente nur dazu, die genetische Variabilität etwas zu erhöhen, denn durch die lange Zuchtarbeit war ein sehr einheitlicher Typ mit nur geringen Weiterentwicklungsmöglichkeiten entstanden. Das einzige – noch vorhandene – geschlossene Zuchtgebiet für Edelschweine ist das Ammerland in Oldenburg.

Rassekennzeichen: weiße Haut und Borsten, Stehohren, breiter Kopf, mittellange, leicht eingesattelte Profillinie, gute Schinkenausbildung, großwüchsiger, langer Körperbau.
(Abb. 7 und 8)

16　Grundlagen der Züchtung

Abb. 7　Deutsches weißes Edelschwein – Eber

Abb. 8　Deutsches weißes Edelschwein – Sau

Schweinerassen 17

Abb. 9 Deutsches Piétrain – Eber

Abb. 10 Deutsches Piétrain – Sau

2.2.4 Deutsches Piétrainschwein – PI

Die Heimat dieser Rasse liegt in der Nähe des Dorfes Piétrain in der wallonischen Provinz Brabant in Belgien. Die Rasse stammt vermutlich aus Kreuzungen von Yorkshire und französischen Bayeux, die auf die englischen Berkshire zurückgehen. Seit den fünfziger Jahren wird die Rasse auch in Deutschland rein gezüchtet. Ihren Aufschwung verdanken die Piétrain ihrer großen Fleischfülle und der starken Schinkenausprägung, wodurch sie vor allem für Kreuzungsprogramme hervorragend geeignet sind. In der Reinzucht wirken sich die schlechtere Fruchtbarkeit und die extrem hohe Streßanfälligkeit negativ aus.

Rassekennzeichen: Hautfarbe grau bis weiß, unregelmäßige, schwarze oder rotbraune Flecken, horizontal nach vorn gerichtete Ohren oder Stehohren, runde Rippe, kurzer, tiefrumpfiger, breiter Körperbau.
(Abb. 9 und 10)

2.2.5 Duroc

Aus zwei roten Rassen entstanden in Amerika die Duroc. Diese ruhigen Schweine sind sehr robust und widerstandsfähig und haben hervorragende tägliche Zunahmen und Fleischqualität. Sie erlangten in Deutschland Bedeutung durch ihren Einsatz in Hybridzuchtprogrammen.

Rassekennzeichen: einfarbig, von dunklem bis zu hellem Rot (Kirschrot), leichte Sattelung der Profillinie, kleine Schlappohren.
(Abb. 11)

2.2.6 Hampshire

Diese sehr fruchtbare Rasse wurde in Amerika gezüchtet und stammt vermutlich von englischen, gegürtelten Schweinen aus der Grafschaft Hampshire ab. Für die deutsche Schweinezucht sind sie u. a. wegen ihrer hervorragenden Muttereigenschaften und Fruchtbarkeitsleistungen interessant und werden in Hybridzuchtprogrammen verwendet.

Rassekennzeichen: trockener Kopf mit Stehohren, mittelstarke Gliedmaßen, schwarze Borstenfarbe mit einem weißen Gürtel um die Schulter und den Körper, der sich auch auf die Vordergliedmaßen erstreckt.
(Abb. 12)

Schweinerassen 19

Abb. 11 Duroc (Verband Schleswig-Holsteinischer Schweinezüchter e.V., Kiel)

Abb. 12 Hampshire (Oldenburger Schweinezucht-Gesellschaft e.V., Oldenburg)

2.3 Die Lebendbeurteilung von Zuchtsauen und Ebern

Die moderne Tierzucht ist bestrebt, in zunehmendem Maße alle Bewertungsgrundlagen für Zuchttiere zu standardisieren, indem sie subjektiv erfaßbare Kriterien durch objektiv meßbare Leistungsdaten ersetzt. Insbesondere bei der Eberkörung nach dem Selektionsindex ist dieser Prozeß bereits weit fortgeschritten. Trotzdem ist die Lebendbeurteilung nach wie vor von großer Bedeutung.

Anschließend soll ein Abriß der Lebendbeurteilung von Schweinen gegeben werden. Die Erkenntnisse aus der Lebendbeurteilung über komplexe Gesundheits- und Körperkriterien sind in der Sauen- und Mastschweinehaltung nach wie vor von Nutzen.

Für die Beurteilung von Zuchtschweinen sollen diese in einer Halle oder im Freien auf einem größeren, ebenen Platz vorgeführt werden. Die Tiere müssen sich ruhig und ungezwungen bewegen können. Zunächst verschafft man sich aus einigen Metern Entfernung einen Gesamteindruck. Erst dann werden, beginnend beim Kopf, die einzelnen Körperpartien beurteilt (Abb. 13 und 14).

2.3.1 Gesundheit

Akut erkrankte Tiere oder Erbfehler-Merkmalsträger werden verhältnismäßig selten vorgestellt. Bei guter Beobachtung können aber sehr wohl Tiere erkannt werden, die z. B. gerade eine Krankheit überstanden haben oder latent (versteckt) erkrankt sind. Gesunde Tiere mit ungestörtem Allgemeinbefinden und ohne äußere Krankheitssymptome sind lebhaft, an der Umgebung interessiert,

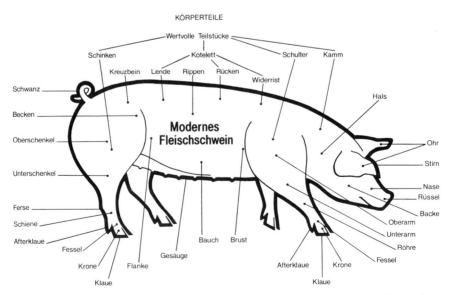

Abb. 13 Körperteile des Schweines (Bayerisches Staatsministerium für Ernährung, Landwirtschaft und Forsten, München)

Die Lebendbeurteilung von Zuchtsauen und Ebern

Schweinebeurteilung: ☐ Zucht ☐ Mast

Rasse: _____   Alter: _____
Nummer: _____   Gewicht/kg: _____
Geschlecht: _____   Deckdatum: _____

Gesundheit:
- **Atmung:** normal – schnell, kurz
- **Augen:** klar, lebhaft – trüb, schwarzer Ausfluß
- **Ohren:** trocken – feucht, schwarzer Ausfluß
- **Haut:** glatt, straff – faltig, blaß, borkig
- **Temperament:** lebhaft – träge

	Rahmen ○ Pkte.	Bemuskelung ○ Pkte.	Punkte	Form ○ Pkte.	Gesäuge ○ Pkte.
erwünscht	**Wuchs:** groß, rahmig, hoher Widerrist **Länge:** sehr lang bis lang **Breite:** sehr breit bis breit in Rücken und Brust **Tiefe:** mitteltief in Brust und Flanke	**Schinken:** fester, voller Innen- und Außenschinken, kugelig und weit heruntereichend **Rücken:** breit, fest, kantig, straff **Schulter:** sehr breit, ausgeprägt und voll bemuskelt (viel Vorderschinken)	9 ausgezeichnet 8 sehr gut 7 gut	**Vorhand:** mittellanger edler Kopf mit wenig Backe; gestreckter breiter Hals; festanliegende Schulter **Mittelhand:** fester, leicht nach oben gewölbter Rücken. Übergänge zwischen Vor-, Mittel- und Nachhand harmonisch **Nachhand:** langes, breites Becken **Fundament:** kräftige, trockene und klare Gelenke; gleich große, geschlossene Klauen; korrekte Stellung der Gliedmaßen, korrekter Gang	**Gesäuge:** straffer Sitz, weit nach vorne reichend, drüsig **Zitzen:** mindestens 7/7 voll funktionsfähig; lange konische Zitzen; regelmäßiger Abstand
brauchbar	**Wuchs:** mittelgroß **Länge:** lang bis mittellang **Breite:** genügend breit **Tiefe:** zu tiefe Brust und Flanke	**Schinken:** noch fest, mittelmäßiger Außen- und Innenschinken **Rücken:** genügend breit und straff, weniger kantig **Schulter:** mittelbreit, genügend bemuskelt	6 befriedigend 5 durchschnittlich	**Vorhand:** weniger edler Kopf, genügend breiter und gestreckter Hals, noch feste Schulter **Mittelhand:** gerader, genügend straffer Rücken; leichter Formmangel (z.B. leichter Nierendruck, leicht geschnürt) **Nachhand:** genügend langes, genügend breites Becken **Fundament:** leichte, aber kaum leistungsmindernde Mängel; mittelstark, etwas unklare Gelenke; etwas unterschiedliche leicht gespreizte Klauen; etwas hessige oder steile Stellung, etwas beeinträchtigte Bewegung und noch normaler Gang	**Gesäuge:** genügend straff, noch drüsig **Zitzen:** mindestens 7/6 funktionsfähig, wenig leistungsbeeinträchtigt, leichte, unregelmäßiger Abstand, leichte Zitzenmängel (z.B. Zwischenzitzen, Blindzitzen)
kaum geeignet zur Zucht	**Wuchs:** klein **Länge:** kurz **Breite:** schmal **Tiefe:** seichte Brust und aufgezogene Flanke	**Schinken:** wenig Innen- und flacher Außenschinken, schlaffe Haut, wenig weit heruntereichend **Rücken:** schmal und schräg abfallend; gratig; dachförmig **Schulter:** schmal, schlaff mit Hautfalten; wenig bemuskelt	4 ausreichend 3 mangelhaft 2 schlecht 1 sehr schlecht	**Vorhand:** fleischiger, unklarer, kurzer Kopf, ausgeprägte Backe, kurzer schmaler Hals, lockere Schulter **Mittelhand:** Karpfen-, Senkrücken, Nierendruck, Schnürung **Nachhand:** kurzes, schmales, stark abfallendes, abgedachtes Becken **Fundament:** schwache, schwammige, unklare Gelenke, ungleiche, stark gespreizte Klauen; durchtrittige Fessel (Bärentatze); rachitische, säbelbeinige, stuhlbeinige, stark hessige Stellung, behinderte Bewegung (Hahnentritt)	**Gesäuge:** herabhängendes, schlaffes Gesäuge, nicht weit nach vorne reichend **Zitzen:** zu geringe Zitzenzahl, stark unregelmäßiger Abstand, schwere Zitzenmängel (z.B. Stülpzitzen, zu kurze Zitzen, Wucherungen, Strahlenpilz)

Jeweils **Zutreffendes unterstreichen** oder **ergänzen**, danach entsprechendes Bewertungsergebnis (Punkte) oben ○ eintragen.
Bei **Mastschweinen** nur Rahmen und Bemuskelung beurteilen.

Datum _____   Beurteiler _____

T 6–11.81

Abb. 14 Schema zur Lebenbeurteilung beim Schwein (Bayerisches Staatsministerium für Ernährung, Landwirtschaft und Forsten, München)

haben eine gut durchblutete rötlich-weiße Haut, glatt anliegende Borsten und eine feuchte, kühle Rüsselscheibe. Augen und Ohren müssen ausflußfrei sein.

Eine echte Beurteilung des Gesundheitsstatus eines Tieres ist eigentlich nur in Zusammenhang mit dem Bestand, aus dem das Tier stammt, möglich. Auf die gesundheitliche Bestandssituation sollte vor allem dann geachtet werden, wenn Tiere ohne Quarantäne direkt von einem Stall zum anderen wechseln. Gesundheitszeugnisse von Organisationen, wie dem Schweinegesundheitsdienst, geben zusätzliche Informationen.

2.3.2 Geschlechtscharakter, Typ, Konstitution

Eber haben i. allg. eine stärkere Vorhand, bessere Bemuskelung und sind breiter und robuster gebaut als Sauen. Gegen Artgenossen oder Menschen aggressive und bösartige Eber und Sauen sollte man möglichst nicht zur Weiterzucht verwenden. Der Typ eines Tieres wird neben dem Geschlechtsausdruck durch den Rahmen (Länge, Breite, Tiefe) und die Proportionen des Körperbaus bestimmt. Fleischschweine sollen lang, mittelbreit, mitteltief und bei guter Frohwüchsigkeit nicht zu frühreif (Verfettung in relativ jungem Alter) sein. Kurze, pummelige sowie spätreife Tiere sind unerwünscht. Da das Zuchtziel auf die Fleischproduktion ausgerichtet ist, muß bei Zucht- und Masttieren auf den Schlachtschweinetyp geachtet werden. Heute liegen in den meisten Fällen objektive Angaben über tägliche Zunahmen, Speckdicke und Fleischfülle vor. Trotzdem müssen übermäßige Fettablagerungen an Kniefalte, Wamme oder Unterlinie registriert werden. Auch sind Schweine mit sehr starkem Knochenbau nicht erwünscht.

Die modernen Haltungsformen stellen an die Konstitution unserer Schweine hohe Anforderungen. Unter Konstitution versteht man die genetisch bestimmte Fähigkeit von Tieren, auf Umweltverhältnisse zu reagieren. Konstitutionsunterschiede können jedoch nur erkannt werden, wenn die zu vergleichenden Tiere vorher in einer einheitlichen Umwelt gehalten wurden.

2.3.3 Ausformung einzelner Körperteile

Kopf und Hals
Gewünscht wird ein mittellanger, trockener, dabei möglichst leichter Kopf mit wenig Backe und kleinen Ohren. Grobe, schwere Köpfe mit schwammiger Backe, dicken oder zu langen Ohren und Bindegewebsauflagerungen werden abgelehnt. Der Hals soll breit, gestreckt und gut bemuskelt sein. Durch sorgfältige Beurteilung des Nasenrückens und der Rüsselscheibe lassen sich Hinweise auf das Vorhandensein von Schnüffelkrankheit finden.

Schulter und Widerrist
Das Fleischschwein soll eine lange, fest mit dem Rumpf verbundene, breite und voll bemuskelte Schulter haben. Der genügend breite Widerrist muß gut geschlossen sein. Eine flache, wenig bemuskelte Schulter ist ebenso unerwünscht, wie eine lockere oder zu steile Schulter.

Rücken und Lende

Rücken und Lende sollen lang, breit und fest sein. Gute Übergänge und straffe Rückenspannung (leicht nach oben gewölbte Rückenlinie) werden gewünscht. Senkrücken, Karpfenrücken oder Nierendruck (Eindellung in der Lende) sind ebenso wie ein zu kurzer und zu schmaler Rücken unerwünscht.

Becken und Schinken

Für einen guten Schinkenansatz muß das Becken lang und ausreichend breit sein. Der volle Schinken soll bis zum Sprunggelenk reichen und von straff sitzender Haut bedeckt werden. Abgedachte, abgezogene, kurze, schmale Becken und flache Bemuskelung des Beckens sind unerwünscht.

Brust und Bauch

Eine breite, ausreichend tiefe und gewölbte Brust sowie ein geräumiger Bauch sind erwünscht. Eine flache oder geschnürte Brust werden als fehlerhaft bezeichnet. Der Bauch darf weder aufgezogen und schmal noch schlaff herabhängend sein.

Gesäuge

Neben dem Freisein von Erkrankungen wie z. B. von Aktinomykose (Strahlenpilz) verlangt man von einem guten Gesäuge, daß es straff sitzt, weit nach vorne reicht und auf jeder Seite aus mindestens 7 gut entwickelten, gleichmäßig verteilten Gesäugekomplexen besteht. Es sollen möglichst keine Blindzitzen, Zwischenzitzen oder Stülpzitzen vorkommen.

Geschlechtsorgane

Bei der Beurteilung der Geschlechtsorgane ist deren vollständige Anlage zu überprüfen (Binneneber etc.). Auf trübschleimigen oder eitrigen Ausfluß aus dem Präputialbeutel (Vorhaut) oder der Vagina (Scheide) muß geachtet werden.

Gliedmaßen

Durch die Beurteilung der Gliedmaßen ergeben sich entscheidende Hinweise auf die Konstitution des Tieres. Moderne Haltungsverfahren stellen höchste Ansprüche an Bau und Funktionsfähigkeit des Fundamentes. Deshalb sollen die Gliedmaßen mittelstark, trocken, kurzgefesselt und korrekt gestellt sein. Aufgetriebene Knochen oder Gelenke sowie Stellungsfehler sind nicht erwünscht. Die Stellungsfehler werden bei der Vordergliedmaße als x- oder o-beinig, vor- oder rückbiegig, zeheneng oder -weit und in der Längsachse verdreht bezeichnet. Bei der Hintergliedmaße unterscheidet man säbelbeinige, kuhhessige, steile, o-beinige, zeheneng, zehenweite, unterständige und verdrehte Stellung. Die Fesselung kann zu lang, zu weich oder bärentatzig sein. Beim Gang des Tieres soll darauf geachtet werden, daß er korrekt und geradlinig ist, ohne Hahnentritt oder Schwanken in der Hinterhand.

Zusammenfassend kann das gewünschte Exterieur des typischen Fleischschweines folgendermaßen charakterisiert werden:

ausreichend lang, gestreckt, gut bemuskelt, voller Außen- und Innenschinken, insbesondere korrektes Fundament und trockene Gelenke.

2.4 Zuchtmethoden

Unter Zuchtmethoden versteht man die Art der Paarung nach einem bestimmten Zuchtplan. Die Zuchtmethode dient der Erreichung des angestrebten Zuchtzieles.

2.4.1 Reinzucht

In der Reinzucht paart man nur Tiere der gleichen Rasse miteinander und selektiert auf Grund der Merkmalswerte. Bis Anfang der sechziger Jahre wurde vorrangig diese Reinzuchtmethode verwendet weil sie relativ sicher ist. Probleme können mitunter auftreten durch die automatische Inzuchtsteigerung bei Selektion in geschlossenen Populationen, wenn die Populationsgröße zu klein ist. Man geht davon aus, daß zur Vermeidung von Inzuchtschäden eine effektive Populationsgröße von mindestens 500 Zuchttieren gegeben sein muß. Die Inzuchtsteigerung beläuft sich dann auf nicht mehr als 0,1% pro Generation. Um die Gefahr einer unkontrollierten Inzucht aufzuzeigen, sei nur kurz darauf verwiesen, daß eine 10%ige Inzuchtsteigerung zu einer Einbuße von 0,2 geborenen und 0,4 aufgezogenen Ferkeln pro Wurf führt. Ist die Muttersau selbst bereits ingezüchtet, so steigen die Verluste noch weiter an.

Es soll in diesem Zusammenhang nicht unerwähnt bleiben, daß mäßige Inzucht eine wichtige Maßnahme in der Reinzucht sein kann, die der Festigung erwünschter Eigenschaften dient und die Ausgeglichenheit der Rasse zu steigern vermag.

Die Vorteile von Reinzuchtprogrammen sind vor allem darin zu sehen, daß
- auch in mittleren Betrieben gute Zuchterfolge möglich sind,
- ein ausgeglichenes, marktgerechtes Endprodukt erzeugt wird
- und bäuerliche Betriebe das Zuchtgeschehen in eigener Regie durchführen können.

Merkmale, die eine niedrige Heritabilität (Erblichkeitsgrad) haben, wie etwa Fruchtbarkeit, lassen sich mit der Reinzucht nur sehr langsam verbessern. Auch das gegenläufige Verhalten von Mastleistung und Schlachtkörperzusammensetzung gegenüber Fleischqualität und Streßempfindlichkeit ist ein Nachteil, der insbesondere in der Reinzucht Schwierigkeiten macht.

In Deutschland hat nur die Deutsche Landrasse größere Bedeutung in der Reinzucht.

Grundlagen der Reinzuchtprogramme sind die entsprechenden Leistungsprüfungen (siehe unter 2.5) und die nachfolgende Selektion von Zuchteltern. Nach dem Tierzuchtgesetz müssen die Züchter bestimmte Mindestanforderungen erfüllen. Der Zuchtfortschritt gelangt vor allem auf der väterlichen Seite von den Hochzuchtbetrieben in die Landeszucht. Mit zunehmender Bedeutung der Schweine-KB (künstliche Besamung) nimmt die gezielte Paarung von selektierten Jungsauen und KB-Ebern zu.

2.4.2 Kreuzungszucht

Kreuzungszucht ist die Paarung von Tieren verschiedener Rassen. Darunter soll nicht planloses Kreuzen verstanden werden (obwohl es häufig vorkam). Durch die Aufspaltung der Erbanlagen kommt es dabei nämlich zu sehr unausgeglichenen Endprodukten, die den Anforderungen moderner Schweineproduktion in keiner Weise genügen. Vielmehr muß die Kreuzungszucht nach bestimmten Regeln, mit richtig ausgewählten Rassen bzw. Linien und scharfen Selektionsmaßnahmen durchgeführt werden. Die Auswahl der Linien erfolgt nach Testung auf ihre Kombinationseignung. Dies gilt nur für die Hybridzucht. Gebrauchskreuzungen, Zweirassenkreuzungen oder Dreirassenkreuzungen werden häufig vom Landwirt (Ferkelerzeuger) direkt durchgeführt. Unter Gebrauchskreuzung versteht man die Erstellung von Tieren für den Gebrauch, z. B. Ferkel für die Mast oder Sauen für die Ferkelproduktion.

Bei der Kreuzungszucht nutzt man positive Heterosiseffekte aus. Dabei versteht man unter dem Begriff der Heterosis, daß Kreuzungstiere in ihren Leistungen besser sind als der erwartete Durchschnitt aus den Leistungen der beiden Eltern, bzw. daß sie sogar den besseren Elternteil noch übertreffen. Vor allem bei Fruchtbarkeit, Konstitution und Mastleistung sind positive Effekte (5–10%) feststellbar. Da bei Nutztieren – auch bei starker Inzucht – die Elterntiere nicht homozygot sind, kann man die Leistungsabweichung der Kreuzungsnachkommen vom mittleren Leistungsniveau der Eltern streng genommen nur als Heterosiszuwachs bezeichnen. Unter der Ausnutzung von Kombinationseffekten versteht man die Kombination von wünschenswerten Eigenschaften der Ausgangstiere in den Kreuzungsprodukten. Zuchtlinien-Stellungseffekte treten auf, wenn man beispielsweise als Sauenlinie eine Linie mit hervorragender Fruchtbarkeits- und Mastleistung und als Eberlinie eine solche mit hoher Schlachtleistung verwendet.

Man unterscheidet zwischen Rassenkreuzungen und Linienkreuzungen und zwischen Gebrauchskreuzungen und Hybridzucht. Die wichtigsten diskontinuierlichen Gebrauchskreuzungsmethoden sind die Zweirassenkreuzung und die Dreirassenkreuzung.

Zweirassenkreuzung

Sie ist die einfachste Form der Gebrauchskreuzung und in erster Linie auf die Verbesserung der Schlachtleistung der Endprodukte ausgerichtet. Deshalb verwendet man als Eberrasse entweder Piétrain oder Belgische Landrasse (Abb. 15). Die Reinzuchtsauen gehören meist der Deutschen Landrasse an. Dieses Kreuzungsverfahren ist ohne größeren organisatorischen Aufwand und deshalb auch in kleineren Betrieben leicht durchzuführen.

Dreirassenkreuzung

Hier ist die Mutter der Endprodukte bereits eine Kreuzungssau (siehe Abb. 15). Dies hat den Vorteil, daß die Fruchtbarkeitsleistung dieser Sauen (z. B. aus DL-

26 Grundlagen der Züchtung

2-Rassenkreuzung:

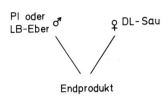

3-Rassenkreuzung:

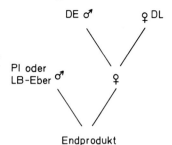

Abb. 15 Zwei- und Dreirassenkreuzungsverfahren

Sau und DE-Eber) besser ist. Damit die Mastendprodukte die gewünschte Schlachtleistung aufweisen, werden die Kreuzungssauen wie schon bei der Zweirassenkreuzung mit PI- oder LB-Ebern gedeckt.

Es ist leicht einzusehen, daß diese Kreuzungsprogramme bereits einen höheren finanziellen, organisatorischen und zuchtplanerischen Aufwand erforderlich machen. Dieser wird aber durch die höheren Leistungen und Erträge der Endprodukte gerechtfertigt.

Hybridzüchtung

Am Anfang der züchterischen Planung von Hybridprogrammen steht die Auswahl geeigneter Ausgangslinien für die Prüfung auf Kombinationseignung. Die genetischen Unterschiede zwischen den gewählten Ausgangsgruppen sollten möglichst groß sein. Wichtig ist weiterhin, daß nur Populationen berücksichtigt werden, die hohe Fleischanteile haben, da man bei diesem Merkmal keine Heterosis erwarten kann. Wegen der zu starken Inzuchtdepression kann man beim Schwein nicht mit Inzuchtlinien arbeiten.

In der Testphase, also bei der Prüfung auf Kombinationseignung, werden möglichst viele Kreuzungsgruppen untersucht. Der Test muß unter standardisierten Umweltbedingungen laufen und für jede Kreuzung müssen ausreichend viele Tiere getestet werden können. So wurden beispielsweise im Bundeshybridzuchtprogramm 27 verschiedene Drei- und Vierrassenkreuzungen getestet.

Die Hybridzucht erfordert andere Organisationsformen als die Reinzucht (siehe 8.1). In den geschlossenen Zuchtsystemen werden umfangreiche Prüfungen mit scharfer Selektion durchgeführt.

2.5 Leistungsprüfungen in der Schweinezucht

Die Durchführung der Leistungsprüfungen in der Schweinezucht sind durch das Tierzuchtgesetz und die dazugehörige Durchführungsverordnung für die Körung von Ebern fixiert.

Bei den Prüfungen unterscheidet man zwischen Produktions-, Reproduktions- und Konstitutionsleistungen, beim Zweck zwischen innerbetrieblichen,

LEISTUNGEN:

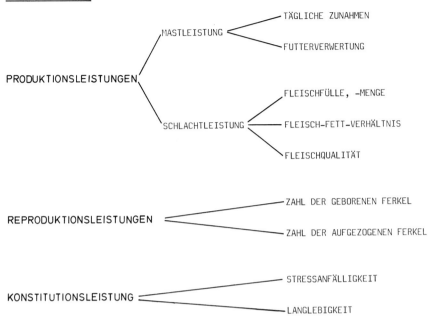

ZWECK:

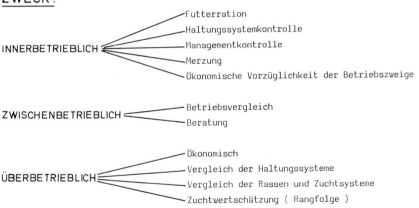

Abb. 16 Leistungsprüfungen in der Schweinezucht

zwischenbetrieblichen und überbetrieblichen Zielsetzungen (Abb. 16). Die Durchführung erfolgt im Feld oder auf Station. Bei den Prüfungsarten unterscheidet man

Eigenleistungsprüfungen,
Geschwisterprüfungen (Voll- oder Halbgeschwister) und
Nachkommenprüfungen.

2.5.1 Zuchtleistungsprüfung

Seit dem Jahr 1928 wird regelmäßig die Zuchtleistungsprüfung in deutschen Herdbuchbetrieben durchgeführt. Neben Mastleistung und Schlachtkörperwert ist die Fruchtbarkeits- bzw. Aufzuchtleistung von großer wirtschaftlicher Bedeutung. Wegen der geringen Erblichkeit von Fruchtbarkeitsmerkmalen (h^2 < 0,10) und der starken Beeinflussung durch die Umwelt sind die züchterischen Erfolge im Reproduktionsbereich sehr bescheiden. So hat sich z. B. die Zahl der geborenen Ferkel pro Wurf in den letzten Jahrzehnten nicht mehr steigern lassen (Tab. 5), wogegen die Abnahme der Ferkelverluste und die sich daraus ergebende höhere Aufzuchtleistung wohl vor allem den verbesserten Umweltbedingungen der Haltung, Fütterung und hygienischen Betreuung zuzuschreiben sind. Die Steigerung der aufgezogenen Ferkel pro Jahr resultiert aus der erhöhten Wurfzahl/Jahr durch Verfahren mit Frühabsetzen der Ferkel.

Die Zuchtleistungsprüfung wird als reine Feldprüfung von den Herdbuchzüchtern in ihren eigenen Betrieben durchgeführt. Kontrollen von neutraler Seite (Zuchtverband) erfolgen stichprobenartig. Innerhalb der 1. Lebenswoche der Ferkel ist die Geburt bei der Züchtervereinigung zu melden. Bis spätestens zum Ende der 3. Lebenswoche müssen alle Ferkel mit der Herdbuchnummer der Sau und der laufenden Ferkelnummer gekennzeichnet sein. Dieser Identitätsnachweis erfolgt über eine Tätowierung im rechten Ohr. Bis 4 Wochen nach der Geburt muß die Wurfmeldung an die Züchtervereinigung abgegangen sein. Bei der Prüfung der Zuchtleistung einer HB-Sau werden folgende Daten erfaßt:

Alter beim 1. Abferkeln
Zwischenwurfzeit
Angabe der lebend geborenen Ferkel
Angabe der am 21. Tag noch lebenden Ferkel: aufgezogene Ferkel
(bis 1975 auch das Wurfgewicht am 28. Tag)

Die erfaßten Informationen werden in einer Zuchtleistungsformel zusammengefaßt und in dieser Form dann auch in Katalogen und Abstammungsnachweisen angegeben:

Susi 70 780 Z 2 – 12,5 – 11,3

Die Sau Susi mit der HB-Nummer 70780 hat als Zuchtleistung (Z) in 2 Würfen 12,5 Ferkel geboren und 11,3 aufgezogen.

Im allgemeinen (je nach Regelung des Zuchtverbandes) werden nur Sauen

Tabelle 5 Vergleich der Zuchtleistungen in der Herdbuchzucht zwischen 1969 und 1979

	Anzahl Würfe/ Jahr		Anzahl geb. Ferkel/Wurf		Anzahl aufgezogener Ferkel/W.		Verluste in %	
	1969	1979	1969	1979	1969	1979	1969	1979
DL	1,98	2,01	11,3	10,5	9,6	9,6	12,0	9,2
DE	2,08	2,10	11,2	11,2	9,3	10,3	13,1	8,9
Pi	1,99	2,00	10,7	10,3	9,3	9,3	13,1	9,0
LB	–	1,97	–	10,0	–	9,1	–	9,1

mit einer Zuchtleistung von mindestens 7 (Bayern 8) aufgezogenen Ferkeln im 1. Wurf ins Herdbuch aufgenommen. Diese Zahl wird auch bei der Eberkörung als Mindestbedingung für die Zuchtleistung der Ebermutter gefordert. Zur züchterischen Verbesserung der Fruchtbarkeit sind die in der Zuchtleistungsformel zusammengefaßten Informationen nur bedingt geeignet. Die Nichtaufnahme ins Herdbuch von Sauen mit weniger als 7 aufgezogenen Ferkeln bedeutet bereits eine Selektion. Somit können die vorhandenen Daten nicht zur Grundlage genetisch-statistischer Populationsanalysen mit Schätzung von Parametern (Kenngrößen) gemacht werden, da über die Anzahl und Leistung der ausselektierten Sauen keine Informationen vorliegen.

Für eine bessere züchterische Bearbeitung und ökonomische Beurteilung des eigenen Betriebes würde sich eine weitergehende Erfassung von Fruchtbarkeitsdaten anbieten. Insbesondere bei größeren Betrieben mit industriemäßiger Produktion und künstlicher Besamung haben sich neben der Anzahl geborener und aufgezogener Ferkel je Sau und Jahr noch folgende Parameter bewährt:

Brunstrate: Anteil der Sauen, die nach Beendigung der Säugezeit innerhalb der ersten 10 Tage nach dem Absetzen in Rausche kommen (normal 85%).

Trächtigkeitsrate: Anteil der Sauen, die nach einer Erstbesamung trächtig werden (normal: Jungsauen mehr als 70%, Altsauen mehr als 80%).

Abferkelrate: Anteil der Sauen, die nach dem Aufstellen zur Belegung auch abferkeln (in den aufgestellten Sauen sind die nicht brünstig und nicht tragend gewordenen Sauen mitenthalten, so daß die Abferkelrate immer geringer als die Trächtigkeitsrate ist).

Neben der Zuchtleistungsprüfung von Herdbuchtieren werden seit einigen Jahren auch Sauen aus Gebrauchskreuzungen und Hybridprogrammen einer Feldprüfung unterzogen (Stichprobentest unter 2.5.2). Eine Prüfung in zentralen Stationen wäre zwar vorzuziehen, ist aber auf Grund zu hoher Kosten und hygienischer Risiken nicht möglich.

2.5.2 Mast- und Schlachtleistungsprüfung

Die Prüfung auf Mast- und Schlachtkörperleistung wird als Eigenleistungsprüfung (ELP) auf Station für Eber, ELP im Feld für Eber und Sauen oder als Nachkommen- bzw. Geschwisterprüfung in Stationen durchgeführt. Die bei den einzelnen Prüfverfahren ermittelten Merkmale sind in Tab. 6 zusammengefaßt.

Eigenleistungsprüfung (ELP) auf Station

Obwohl dieses Prüfverfahren vom züchterischen Standpunkt aus als sehr günstig zu beurteilen ist, durchlaufen nur wenige Eber in der Bundesrepublik die Eigenleistungsprüfung auf Station (weniger als 1000 im Jahr 1979). Der Widerstand der Züchter richtet sich vor allem wegen des hohen hygienischen Risikos (Gefahr der Krankheitseinschleppung bei Rücknahme der Eber in den Betrieb) gegen diese Form der Prüfung.

Der Prüfungsabschnitt umfaßt den Gewichtsbereich von 30 bis 90 kg. Geprüft

Tabelle 6 Mast- und Schlachtkörpermerkmale

Information	Prüfart	Geprüftes Merkmal	Einheit
Eigenleistung	Station	Alter bei Prüfende (90 kg)	Tage
		Zunahme	g/Tag
		Futterverwertung	kg Futter/kg Zunahme
		Speckdicke (Ultraschall)	mm
		Bemuskelung	1-9 Beurteilungspunkte
Eigenleistung	Feld	Zunahme	g/Tag
		Speckdicke (Ultraschall)	mm
		Bemuskelung	1-9 Beurteilungspunkte
Geschwisterleistung Nachkommenleistung	Station	Futterverwertung	kg/Futter/kg Zunahme
		Anteil wertvoller Teilstücke	Fleisch-Fett-Verhältnis
		Göfo-Wert	Punkte

Tabelle 7 Ergebnisse der ELP von Ebern auf Station im Jahre 1980

	Anzahl	Alter (Tage)	Tägliche Zunahme (g)	FVW (kg)	Speckdicke (cm)	Schinkenform (Punkte)
DL	773	143	917	2,35	1,78	5,9
LB	40	148	862	2,42	1,49	6,7
PI	174	174	790	2,45	1,18	7,0

werden die tägliche Zunahme, die Futterverwertung in diesem Abschnitt, die Rückenspeckdicke (Echolot) und die Schinkenform (Punkteskala) bzw. Bemuskelung beim Prüfungsendgewicht von 90 kg. Die Ergebnisse der Eigenleistungsprüfung des Jahres 1979 sind in Tab. 7 wiedergegeben.

Eigenleistungsprüfung im Feld

Neben der Eigenleistungsprüfung in der Station, gibt es auch die Eigenleistungsprüfung von Jungebern (bei der Auktion der Jungeber) und -sauen im Feld. Trotz des Nachteils, daß die Ergebnisse durch die Umweltunterschiede in den einzelnen Betrieben starken Schwankungen unterliegen, hat diese Prüfmethode in den siebziger Jahren stark an Bedeutung zugenommen (62000 Eber und 33500 Sauen im Jahr 1980). Dazu hat vor allem die Entwicklung der Ultraschallmeßtechnik beigetragen, die es gestattet, am lebenden Tier die Dicke von Speck- und Muskelschichten zu bestimmen. Die Messungen werden entweder im Züchterstall (Sauen) oder auf Kör- und Verkaufsveranstaltungen (Eber) vorgenommen. Aus den Speckdicken (gemessen Rückenmitte, 6 und 9 cm seitlich der Rückenlinie) wird das durchschnittliche Speckmaß ermittelt und mit Hilfe von Regressionsfaktoren auf ein konstantes Lebendgewicht, das Durchschnittsgewicht der Population, korrigiert. Der Prüfungsabschnitt umfaßt die Zeit von der Geburt bis zum Auktionstag beim Jungeber bzw. zur Deckreife bei der Jungsau. Erfaßt werden tägliche Zunahme, Rückenspeckdicke und Bemuskelung (1–9 Punkte).

Tabelle 8 Lebenstagszunahmen in g bei der Eigenleistungsprüfung im Feld (1980)

Rasse	DL	DE	Pl	LB
Eber	602	608	547	574
Sauen	524	537	488	539

Jungsauen werden zwischen 90 bis 110 kg geprüft, Jungeber erst mit 110 bis 130 kg. Aus Alter und Gewicht errechnet man unter Vernachlässigung des Geburtsgewichts die Lebenstagszunahmen (Tab. 8). Die Punkte für die Bemuskelung reichen von 1 bis 9. Eine Ermittlung der Futterverwertung ist in der Feldprüfung nicht möglich.

Geschwister-/Nachkommenprüfung auf Station

Pro Jahr durchlaufen etwa 18000 Tiere im Rahmen der Geschwister- und Nachkommenprüfung auf Schlachtleistung und Schlachtkörperwert die Mastprüfungsanstalten. Die Anlieferung der Ferkel an die Mastprüfungsanstalt erfolgt bis zur Vollendung der 11. Lebenswoche mit einem Gewicht zwischen 20 und 28 kg. Zwei weibliche Ferkel sind eine Prüfgruppe. Die Station kauft die Ferkel an und stellt sie mit 30 kg in die Prüfung ein. Mit dem Beginn der Prüfung übernimmt die Station das Risiko. Heilbehandlungen bei nichtinfektiösen Erkrankungen werden nicht vorgenommen, lediglich bei Infektionsausbrüchen wird therapiert. Ausgeschiedene Tiere werden im Prüfbericht notiert. Neben erkrankten Tieren scheiden auch diejenigen aus, die tägliche Zunahmen von unter 400 g haben (während einer Zeit von 3 Wochen), deren Abstammung nicht zweifelsfrei ist (Blutgruppenuntersuchung) oder die beim Transport zum Schlachthof ausfallen (kein Schlachtkörperwert).

Alle Umweltfaktoren sind so weit als möglich standardisiert. Die Schweine werden in strohlosen, vollklimatisierten, meist planbefestigten Stallungen gehalten, die im Rein-Raus-Verfahren beschickt werden. Gefüttert wird über Automaten, mit Pellets oder Schrot. Die Zusammensetzung des Futters ist standardisiert. Bei einem Lebendgewicht von 100 kg endet die Prüfung.

Es werden folgende Merkmale ermittelt:

Mastleistung	**Schlachtleistung**
Ankunftsgewicht	Schlachtkörperwert
Ankunftsalter	Schlachtgewicht
Alter bei Mastende	Schlachtkörperlänge
Gewicht bei Mastende (ca. 100 kg)	5 Speckmaße
tägliche Zunahme in g,	Fettfläche über dem Rückenmuskel
(30 bis 100 kg LG)	Rückenmuskelfläche (M. long. dorsi)
Futteraufwand je kg Zunahme	Fleisch-Fett-Verhältnis
	Bauchbeschaffenheit
	Schinkenanteil
	Fleischbeschaffenheit (Göfo, pH)

Neben den absoluten Merkmalswerten, die dem Rassenvergleich dienen können, sind für die Zuchtwertschätzung vor allem die Abweichungen der Prüfgruppen vom Durchschnitt wichtig. Die wirtschaftlich günstigen Abweichungen (z. B. geringere Speckdicke als der Durchschnitt) werden mit positiven Vorzeichen versehen. Der gleitende Durchschnitt wird aus den letzten 40 Gruppen einer Rasse, die in der jeweiligen Anstalt geprüft wurden, errechnet. Beim Göfo-Wert stellt man die Abweichung vom Durchschnitt der am selben Tag geschlachteten Schweine fest.

Die Prüfergebnisse werden in Form eines Prüfberichtes dem Züchter, dem Zuchtverband und der Arbeitsgemeinschaft deutscher Schweinezüchter mitgeteilt. Bei den Sauen und Ebern werden die Leistungen im Abstammungsnachweis mit Leistungsformeln angegeben:

V:　　　10 / 9 / 167 / 824 /　2,69　　　　99,0 / 46,3 /　0,42 / 31,2 / 55
　　　　　+8　+27　+0,04　　　　　　　　+0,6　+2,7　+0,05　−0,2　−3
M:　　　2 / 2 / 181 / 932 /　2,24　　　　96,0 / 46,5 /　0,41 / 32,9 / 55
　　　　　−8 +133　+0,54　　　　　　　　−1,6　+1,8　+0,03　+0,9　−2

Saphir

Vom Vater (V) wurden 10 Nachkommen geprüft, 9 haben die Prüfung abgeschlossen. Manchmal wird diese Information auch anders angegeben: 5–9, d. h. es wurden 5 Nachkommengruppen mit je 2 Tieren angeliefert, 9 Tiere haben die Prüfung beendet.

Diese 9 Tiere hatten mit 167 Tagen das Endgewicht 100 kg erreicht (8 Tage früher als der Durchschnitt der Vergleichsgruppen), täglich 824 g zugenommen (27 g mehr als der Durchschnitt) und eine Futterverwertung von 2,69 kg (40 g besser als der Durchschnitt). Die Schlachtkörpermerkmale sind der Reihe nach Schlachtkörperlänge (99,0 cm), Rückenmuskelfläche (46,3 cm^2), Fleisch/Fett-Verhältnis (1:0,42), Schinkenanteil (31,2%), und Göfo-Wert (55 Punkte). Bei der Mutter (M) sind die Leistungen einer Nachkommengruppe angegeben, die aus einer Anpaarung mit dem Eber Saphir stammt.

Stichprobentest von Kreuzungsprodukten

Im Gegensatz zu der Leistungsprüfung innerhalb der Rasse, die vornehmlich als Grundlage zur Schätzung des additiven Zuchtwertes von Einzeltieren dient, ist der Stichprobentest bei Kreuzungsprodukten darauf ausgerichtet, die Leistungsfähigkeit einer bestimmten Kombination von verschiedenen Rassen zu prüfen, da Kreuzungspaarungen zur Ausnutzung von Heterosis- und Kombinationseffekten vorgenommen werden.

Kreuzungstiere sind Endprodukte, die den reinrassigen Produkten überlegen sein müssen, um den meist höheren Aufwand (etwa von Hybridprogrammen) zu rechtfertigen. Der Warentest muß sich am wirtschaftlichen Mehrwert der Kreuzungen orientieren. Die beste Möglichkeit wären Stationsprüfungen, und zwar nicht nur bei Mast- und Schlachteigenschaften, sondern auch bei den

Zuchtleistungen. Um die Leistungen von Kreuzungs- und Reinzuchtsauen wirklich statistisch sicher vergleichen zu können, sind pro Rassenkombination mindestens 150 Würfe erforderlich. Steht eine Stationskapazität in diesem Umfang nicht zur Verfügung, vergleicht man repräsentative Stichproben aus Ferkelerzeugerbetrieben mit Kreuzungsherkünften landesüblicher Kontrollgruppen. Die Stationsprüfung stellt die Mastleistungen und Schlachtkörperwerte fest. Zur Anerkennung von Kreuzungsprogrammen sind Daten über folgende Merkmale erforderlich:

Anzahl der pro Kreuzungssau und Jahr aufgezogenen Ferkel, tägliche Zunahme, Anteil wertvoller Teilstücke, Fleischbeschaffenheit und Futterverwertung der Kreuzungsendprodukte im Prüfungsabschnitt.

2.6 Zuchtziel und Züchtung

Die Züchtung landwirtschaftlicher Nutztiere ist langfristig nur dann erfolgreich, wenn sie auf die Erreichung eines wohlüberlegten Zuchtziels ausgerichtet ist. Im Tierzuchtgesetz wird das Zuchtziel als Gesamtzuchtwert festgelegt.

Die Nutzleistungen des Schweines lassen sich im wesentlichen in vier Gruppen zusammenfassen:

- Fruchtbarkeit,
- Vitalität und Widerstandskraft,
- Mastleistung und
- Schlachtkörperwert

Die Auswahl der Selektionsmerkmale orientiert sich nach den Kriterien:

a) wirtschaftliche Bedeutung
b) genetische Variation (Unterschiede) in der Population
c) Heritabilität (Erblichkeit)
d) genetische Korrelationen (Zusammenhänge) zwischen den einzelnen Leistungsmerkmalen
e) Genauigkeit und Kosten der Merkmalserfassung

Die wirtschaftliche Bedeutung der Merkmale wird angegeben als der erwartete Grenznutzen (in DM) bei Steigerung des Merkmals um eine Einheit über den Durchschnitt. Der Grenznutzen ist die Differenz von zusätzlichem Ertrag und zusätzlichen Kosten (Tab. 9).

Tabelle 9 Grenznutzen einiger Leistungsmerkmale

Leistungsmerkmal	Einheit	Grenznutzen (DM)
Aufzuchtleistung	1 Ferkel/Wurf	4,80
Tägliche Zunahmen	1 g/Tag	0,06
Wertvolle Teilstücke	1% Fleisch	8,00
Futterverwertung	1 kg weniger Futter/kg Zuwachs	48,00
Fleischhelligkeit	1 Göfopunkt	1,50

Je größer die Varianz eines Merkmals ist, d. h. je mehr Unterschiede zwischen den Tieren einer Population hinsichtlich einer Eigenschaft bestehen, um so erfolgreicher kann die Züchtung auf Verbesserung dieses Merkmals sein.

Die Heritabilität oder Erblichkeit eines Merkmals gibt an, welcher Teil der Unterschiede im Phänotyp (äußeres Erscheinungsbild) auf den Genotyp (erbliche Veranlagung) zurückführbar ist und an die Nachkommen weitergegeben wird. In der Reinzucht ist die additiv-genetische Varianz V(A) die Meßzahl für die züchterisch nutzbaren Unterschiede. Die Heritabilität ergibt sich aus dem Verhältnis der genotypischen zur phänotypischen Varianz:

$$h^2 = \frac{V(G)}{V(P)}$$

bzw. züchterisch nutzbar: $h^2 = \dfrac{V(A)}{V(P)} = \dfrac{V(ZW)}{V(P)}$

V(A) = additiv genetische Varianz
V(G) = genotypische Varianz
V(P) = phänotypische Varianz
ZW = Zuchtwert

In Tab. 10 sind die Heritabilitätswerte für einige Merkmale in der Schweinezucht angegeben.

Die Korrelation zwischen zwei Merkmalen gibt an, in welchem Umfang sich bei Selektion auf ein Merkmal auch das andere, korrelierte Merkmal, verändert. Die Arten der Merkmalserfassung und die anfallenden Aufwendungen für Durchführung und Auswertung der Leistungsprüfungen sind wichtige Entscheidungskriterien für die Wahl des Zuchtprogrammes und die Festlegung des Zuchtzieles.

Tabelle 10 Heritabilitätswerte für Merkmale in der Schweinezucht

Merkmal	Heritabilität (%)
Tägliche Zunahme	20
Göfo	25
Speckdicke	30
Futterverwertung	35
Fleisch-Fett-Verhältnis	40
Anteil wertvoller Teilstücke	40

2.7 Zuchtwert und Zuchtwertschätzung beim Schwein

Züchten ist ein zweckorientierter Vorgang, d. h. die Züchtung ist darauf ausgerichtet, das genetisch bedingte Leistungsniveau in einer Population zu verbessern. Um diesen Zweck zu erreichen, bedient sich die Züchtung des Hilfsmittels der künstlichen Selektion. Selektion ist aber nur dann sinnvoll, wenn tatsächlich die richtigen, d. h. die genetisch besseren Tiere selektiert und als Eltern der nächsten Generation eingesetzt werden. Deshalb wird das Ausmaß des Zuchtfortschrittes neben der Größe der Selektionsintensität, der genetischen Varianz und der Länge des Generationsintervalles vor allem auch durch die Genauigkeit der Zuchtwertschätzung bestimmt.

Der Zuchtwert eines Tieres kann bei quantitativen Merkmalen nicht direkt gemessen, sondern nur geschätzt bzw. berechnet werden. Früher basierte die Schätzung des Zuchtwertes rein auf dem äußeren Erscheinungsbild eines Tieres. Erst auf der Basis populationsgenetischer Theorien entwickelte sich die heutige Form der Zuchtwertschätzung.

Man unterscheidet zwischen allgemeinem und speziellem Zuchtwert.

Allgemeiner Zuchtwert = Summe der additiven Genwirkungen, die ein Tier bei Anpaarung an zufällig ausgewählte Tiere einer Population an seine Nachkommen weitergibt. Der allgemeine Zuchtwert kann also immer nur in Bezug auf eine bestimmte Population hin angegeben werden. Daraus ergibt sich, daß der Zuchtwert eines Nachkommen aus den Zuchtwerten der Eltern geschätzt werden kann:

$$ZW_N = \tfrac{1}{2}(ZW_V + ZW_M)$$

Spezieller Zuchtwert = Summe aller Genwirkungen, die das Tier bei Anpaarung an bestimmte Paarungspartner an seine Nachkommen weitergibt (Ausnutzung von Dominanz und Epistasieeffekten). Der spezielle Zuchtwert gilt also nur für diese Anpaarungen.

Grundlage der Schätzung des Zuchtwertes ist in erster Linie die Eigenleistung des Probanden, also die von ihm erbrachte phänotypische Nutzleistung. Ist dies nicht (Schlachtmerkmale) oder nicht rechtzeitig genug möglich bzw. nicht genau genug (z. B. tägliche Zunahmen beim Eber) so müssen weitere Informationen herangezogen werden (wiederholte Messung einer Leistung, Abstammungsbewertung, Geschwister- und Nachkommenprüfung). Auch diese Hilfen zur Zuchtwertschätzung stützen sich auf phänotypisch erbrachte Nutzleistungen. Da diese phänotypischen Leistungen aber neben den verschiedenen genetischen Effekten auch noch Umwelteffekte beinhalten, müssen sie erst durch Korrekturen vergleichbar gemacht werden, um zur Zuchtwertschätzung verwendet werden zu können. Je umfassender und genauer die Korrektur durchgeführt wird, um so richtigere Ergebnisse erhält man bei der Zuchtwertschätzung. Die Korrektur erfolgt zum einen durch Ausschaltung oder rechnerische Miteinbeziehung faßbarer Einflüsse, zum anderen durch Reduzierung der zufälligen Fehler. Auf die verschiedenen Korrekturmöglichkeiten von systematischen Einflüssen kann hier nicht eingegangen werden. Wir nehmen an, daß alle im weiteren verwendeten Informationen bereits von systematischen Umwelteinflüssen bereinigt sind.

Der allgemeine Zuchtwert eines Schweines ergibt sich aus der mittleren Leistungsabweichung der Nachkommen des Tieres. Da ein Elternteil immer nur die Hälfte seiner Gene an die Nachkommen weitergibt, ist der Zuchtwert eines Elterntieres die doppelte Abweichung der Nachkommen vom Durchschnitt. Insbesondere in Kreuzungsprogrammen bestimmt man den speziellen Zuchtwert. Dieser ist ein Maß für die Kombinationseignung zweier Rassen. Er gilt immer nur für die untersuchte Kombination.

Weiterhin unterscheidet man den Einzelzuchtwert, der sich auf ein Leistungsmerkmal bezieht, und den Gesamtzuchtwert oder Index, der, wie es bereits der Name zum Ausdruck bringt, den Zuchtwert eines Tieres in allen wirtschaftlich relevanten Merkmalen zu einer Kennzahl vereinigt. Grundlage aller Zuchtwertschätzungen sind Informationen über die Leistungen des Probanden (Eigenleistungen) und/oder seiner Verwandten (Vorfahren-, Geschwister-, Nachkommenleistungen). Diese Leistungen werden in den Leistungsprüfungen erfaßt.

Der Zusammenhang zwischen Phänotyp und Zuchtwert kommt im Regressionskoeffizienten zum Ausdruck. Der jeweilige Regressionskoeffizient (b) berücksichtigt die Art der Informationsquelle, die Erblichkeit des Merkmals und beim Gesamtzuchtwert auch die wirtschaftliche Bedeutung.

2.7.1 Einzelzuchtwert

Die Bedeutung der Einzelzuchtwerte ist stark zurückgegangen. Da sich das Zuchtziel aus mehreren ökonomisch wichtigen Komponenten zusammensetzt, wird lediglich auf Betriebsebene hin und wieder noch mit Einzelzuchtwerten gearbeitet.

Am Beispiel „Tägliche Zunahmen" soll die Berechnung des Einzelzuchtwertes dargelegt werden. Stammt die Information über ein Leistungsmerkmal vom Tier selbst (ELP), so errechnet sich der Zuchtwert relativ einfach:

Bei einer Eigenleistung gilt: $b = h_Z^2$;
daraus folgt: $A_Z = h_Z^2 \cdot$ Abw.;
z. B.: $h_Z^2 = 0{,}2$; Abw. $= 60$ g;
$\quad\quad A_Z = 0{,}2 \cdot 60$ g $= 12$ g;

A_Z = Geschätzter Zuchtwert in täglicher Zunahme
h_Z^2 = Heritabilität der täglichen Zunahme
b = Regressionskoeffizient
Abw. = Abweichung vom Vergleichsdurchschnitt

Die Genauigkeit der Zuchtwertschätzung $r_{ZW,P}$ ist bei der ELP gleich der Wurzel aus der Heritabilität.

Stehen Verwandteninformationen zur Verfügung, so ändern sich die b-Werte in Abhängigkeit vom Verwandtschaftsgrad und der Zahl der geprüften Verwandten. Die Berechnung dieser Regressionskoeffizienten und der dabei zu erreichenden Genauigkeit der Zuchtwertschätzung kann in der einschlägigen Literatur nachgelesen werden.

2.7.2 Gesamtzuchtwert (Index)

Zweck des Gesamtzuchtwertes ist es, die Informationen über den Kandidaten so zu verdichten, daß sie in einer einzigen Zahl ausgedrückt werden können. Dadurch läßt sich für die Tiere eine Rangfolge erstellen. Die allgemeine Formulierung des Zuchtzieles – möglichst viel Fleisch mit minimalen Kosten zu produzieren – ist für die Erstellung eines Indexes nur indirekt eine Hilfe. Das

Zuchtziel muß nämlich erst in Form quantifizierbarer Einzelmerkmale ausgedrückt werden (siehe Grenznutzen unter 2.7). Als letztes Problem stellt sich dann die Kombination der erfaßten Informationen zu einem Gesamtzuchtwert. Diese Kombination der Informationsquellen erfolgt mit Hilfe der Regressionsfaktoren, wobei die b-Werte in Abhängigkeit von der wirtschaftlichen Bedeutung und der Herkunft (Eigenleistung, Geschwisterleistung etc.) der Information errechnet werden. Diese Indexgewichte sind so konstruiert, daß die Genauigkeit der Zuchtwertschätzung den größtmöglichen Wert erreicht.

Gesamtzuchtwert = $b_1 \cdot X_1 + b_2 \cdot X_2 + b_3 \cdot X_3 \ldots + 100$;
$X_1, X_2 \ldots$ = phänotypische Abweichungen vom Vergleichsdurchschnitt

Ein Index von mindestens 80 Punkten ist eine Voraussetzung für die Körung von Jungebern. Bei Besamungsebern werden höhere Anforderungen an den Index gestellt.

Um negative Indexwerte zu vermeiden, wird zu den Einzelzuchtwerten der Merkmale i. a. noch der konstante Faktor 100 addiert.

In der praktischen Schweinezucht kommen verschiedene Indexmodelle zum Tragen, je nachdem, welche Informationen zur Verfügung stehen und welche Tiere (Eber oder Sauen) selektiert werden sollen (Vollgeschwisterindex VGI, Halbgeschwisterindex HGI, Jungeberselektionsindex).

3 Grundlagen der Ernährung

Das Schwein verwertet in gleicher Weise sowohl tierische als auch pflanzliche Futtermittel. Deshalb zählt es auch zu den Allesfressern (Omnivoren). Es steht damit zwischen den reinen Pflanzenfressern (Herbivoren) und den Fleischfressern (Carnivoren).

3.1 Verdauungsorgane

3.1.1 Anatomie

Der Verdauungskanal des Schweines besteht aus Maulhöhle, Speiseröhre, einhöhligem Magen, Dünndarm, Dickdarm und After. Einen Überblick über den Verdauungsapparat des Schweines geben die Abb. 17 und 18.

Feste Nahrung wird mit den Schneidezähnen aufgenommen, flüssige Nahrung mit Hilfe der Zunge aufgesogen und geschlürft. Anschließend erfolgt eine Zerkleinerung mit Hilfe der schmelzhöckerigen Backenzähne und eine Durchmischung mit Speichel.

Nach dem Abschlucken gelangt die Nahrung über die Speiseröhre (Abb. 17: S) in den Magen. Der normalerweise nie ganz leer werdende Schweinemagen (Abb. 17 und 18: M) besitzt ein Fassungsvermögen von ca. 4 bis 6 Litern und ist mit einer Schleimhaut ausgekleidet, an der man verschiedene Zonen unterscheiden kann. An die drüsenlose, kutane Schleimhaut am Mageneingang schließt sich die relativ große Kardiadrüsenzone (Kardia = Mageneingang) an. Die Kardiadrüsen bilden ein seröses (wäßriges) Sekret. Von den Drüsen der anschließenden Drüsenregion werden Pepsin (eiweißspaltendes Enzym) und Salzsäure abgegeben. Die Drüsen der Pförtnerzone (Magenausgang) bilden muköses Sekret.

Der kräftige Schließmuskel am Magenausgang, der Pförtner, gestattet nur eine schubweise Entleerung des Mageninhalts in den Dünndarm. So kann es beim Schwein zwar zu einer Magenüberladung, aber eigentlich nie zu einer primären (ursprünglichen) Darmüberfüllung kommen.

Im Anfangsabschnitt des etwa 16 bis 20 m langen Dünndarms (Abb. 17 und 18: D), dem Zwölffingerdarm oder Duodenum, wird der Nahrungsbrei mit Gallenflüssigkeit aus der Leber (Abb. 17: L) und den Sekreten der Bauchspeicheldrüse vermischt. Im Dünndarm findet die eigentliche Verdauung der Nährstoffe statt. Die Innenwand des Dünndarms ist zur Oberflächenvergrößerung mit zahlreichen Zotten (Ausstülpungen der Schleimhaut) besetzt. Diese Zotten haben wiederum kleine Mikrozotten, so daß die Kontaktfläche zwischen Nahrung und Darmwand stark vermehrt und dadurch die Verdauung der Nährstoffe intensiviert wird. Die Durchmischung des Darminhalts erfolgt durch Zusammenziehen der Längs- und Ringmuskulatur. Die dadurch entstehenden typischen wellenförmigen Bewegungen, die sog. Darmperistaltik, dient auch dem Weitertransport der Nahrung.

Verdauungsorgane

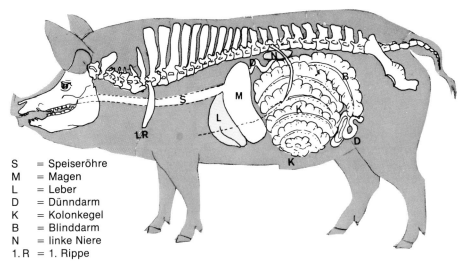

S = Speiseröhre
M = Magen
L = Leber
D = Dünndarm
K = Kolonkegel
B = Blinddarm
N = linke Niere
1. R = 1. Rippe

Abb. 17 Verdauungsapparat des Schweines von der linken Seite (schematisiert)

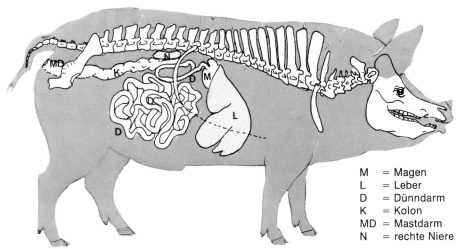

M = Magen
L = Leber
D = Dünndarm
K = Kolon
MD = Mastdarm
N = rechte Niere

Abb. 18 Verdauungsapparat des Schweines von der rechten Seite (schematisiert)
(**Abb. 17–18** Dr. E. Daschinger, Augsburg)

Der Dickdarm des Schweines besitzt eine durchschnittliche Länge von ca. 5 m und läßt sich in den Blinddarm (Abb. 17: B), den Grimmdarm oder Kolon (Abb. 17 und 18: K) und den Mastdarm (Abb. 18: MD) unterteilen. Dabei ist für das Schwein typisch, daß der Anfangsteil des Kolon zu einem kegelförmigen Konvolut (Knäuel) aufgerollt ist. In diesem Abschnitt des Darmes verbleibt der Nahrungsbrei am längsten, nämlich ca. einen Tag. Im anschließenden Mastdarm wird durch Wasserentzug der Darminhalt eingedickt und der Kot zu Ballen geformt. Diese werden schließlich im Abstand von einigen Stunden abgesetzt. Die gesamte Passage durch den Verdauungstrakt dauert je nach Zusammensetzung der Nahrung und den Haltungsbedingungen etwa 36 Stunden.

3.1.2 Funktion

Für die Regelung der Futteraufnahme ist das Hunger- oder Sättigungsgefühl verantwortlich. Es wird von chemischen und mechanischen Rezeptoren (Aufnahmeorganen für Reize) im Magen-Darm-Kanal induziert. Des weiteren wird die Futteraufnahme auch in Abhängigkeit von der Nährstoffkonzentration im Blut und von äußeren Faktoren wie Klima, Temperatur, Futterneid etc. gesteuert.

Wegen des begrenzten Fassungsvermögens des Magen-Darm-Traktes spielt in gewissen Leistungsstadien die Energiedichte des Futters für die bedarfsgerechte Versorgung eine entscheidende Rolle. So kann z. B. der enorm hohe Bedarf einer laktierenden Zuchtsau mit 12 Ferkeln nicht mehr über Grundfutter o. ä. gedeckt werden. Oft ist schon die zur Bedarfsdeckung erforderliche Aufnahme ausreichender Mengen konzentrierten Kraftfutters problematisch. Andererseits kann eine ebenso schädliche Verfettung von Tieren in einem Leistungsstadium mit geringeren Ansprüchen nur durch Verminderung der Energiedichte oder rationierte Fütterungsverfahren vermieden werden.

Beim Schwein erhält das aufgenommene Futter bereits durch die Vermischung mit Speichel ersten Kontakt mit Verdauungsenzymen, da ein Teil des Speichels Amylase, ein stärkespaltendes Enzym, enthält. Auf Grund des kurzen Kauvorganges entfaltet die Amylase ihre Hauptwirkung erst im Anfangsteil des Magens. Im Bereich der kutanen Schleimhaut findet auch noch eine geringfügige mikrobielle Verdauung statt. Mit der Ansäuerung der Nahrung im Bereich der Fundusdrüsenzone (Magenboden) kommen mikrobieller und enzymatischer Abbau jedoch zum Stillstand. Dafür setzt jetzt der Abbau der Futterproteine zu Eiweißketten durch das eiweißspaltende Pepsin ein. Fette werden im Magen noch nicht verdaut. Das Zerkleinern, Einweichen und Vermischen der Nahrung in Maul und Magen bezeichnet man auch als mechanische Verdauung. Sie dient der Vergrößerung der Oberfläche der aufgenommenen Nahrung.

Nach dem Transport des Nahrungsbreies in den Dünndarm neutralisieren die alkalischen (basischen) Säfte der Darmwanddrüsen den anfangs noch sauren Darminhalt. Gleichzeitig kommen mit dem Bauchspeichelsekret wichtige Verdauungsenzyme zum Einsatz (→ enzymatische Verdauung). Diese Enzyme spalten die Nährstoffe in ihre Grundbausteine auf. So entstehen aus

    Eiweiß → Aminosäuren
    Fett   → Glycerin und Fettsäuren
    Stärke → Zucker

Die ebenfalls ins Darmlumen abgegebene Gallenflüssigkeit enthält neben den Gallenfarbstoffen als Ausscheidungsprodukte der Leber auch die Gallensäuren, die für die Emulgierung (feinste Aufschwemmung) der Fette unentbehrlich sind.

Ein Großteil der Nährstoffe des Futters wird bereits im Dünndarm resorbiert. Mit zunehmender Entfernung vom Magen steigt die mikrobielle Besiedelung – vorwiegend Bakterien – des Darmes an. Während im Dünndarm noch fast ausschließlich die enzymatische Verdauung Bedeutung hat, sind im Dickdarm die Stoffwechselbedingungen für Mikroorganismen günstiger. Hier werden durch die Bakterien der Darmflora vor allem Bestandteile der Rohfaserfraktion weiter ab- und umgebaut (→ bakterielle Verdauung). Allerdings ist die Resorption der Nährstoffe im Dickdarm nur sehr gering.

Eine wichtige Rolle kommt dem Dickdarm im Rahmen des Wasser- und des Natrium-Kalium-Haushaltes des Körpers zu. Ohne die Rückresorption von Wasser und Mineralstoffen aus dem Dickdarm wären die Verluste – und damit der Bedarf des Körpers – um ein Vielfaches höher. Bei der Störung der Wasserrückresorption z. B. durch Fehlgärungen oder Entzündungen, kommt es zu Durchfall mit hohen Wasser- und Mineralstoffverlusten.

3.2 Intermediärstoffwechsel

Die im Verdauungskanal resorbierten Bestandteile des Futters werden im Organismus im sogenannten Intermediärstoffwechsel (Zwischenstoffwechsel) umgewandelt und verwertet. Dabei kann man prinzipiell zwischen dem Betriebsstoffwechsel, der die zur Erhaltung der Körperfunktionen und Erbringung von Leistungen nötige Energie liefert, und dem Baustoffwechsel, der die gesamten Aufbau- und Synthesevorgänge umfaßt, unterscheiden.

3.2.1 Energie

Die Bruttoenergie der Nahrung wird seit neuerem in erster Linie in kJ, nicht mehr in kcal angegeben (1 kcal = 4,186 k Joule). Der Organismus bezieht seine Energie vor allem aus Fetten (39 kJ/kg) und Kohlenhydraten (17,5 kJ/kg). Protein (24 kJ/kg) wird i. allg. nicht als Energielieferant angesehen. Die angegebene Bruttoenergie steht dem Körper jedoch noch nicht zur Verfügung. Erst nach Abzug der Energie im Kot, im Harn, in den Gasen und in der Abfallwärme erhält man die für Erhaltung und Leistung verfügbare Nettoenergie.

3.2.2 Protein

Die Grundbausteine der Proteine, die Aminosäuren, gelangen nach der Resorption im Darm zuerst in die Leber. Von hier werden sie zum überwiegenden Teil in die eiweißbildenden Gewebe, wie die Muskulatur, das Gesäuge oder die Gebärmutter weitertransportiert. Die Gesamtheit der im Körper vorliegenden Aminosäuren, ob sie nun aus dem Futter oder dem körpereigenen Eiweiß stammen, bilden den Aminosäurepool (Sammelbecken). Aus diesem Reservoir werden die für Synthesezwecke benötigten Aminosäuren geholt. Der Aminosäurepool kann über einen Zeitraum von etwa 24 Stunden den Bedarf des Körpers an Aminosäuren decken. Diese Tatsache ist vor allem für diejenigen Fütterungsverfahren wichtig, bei denen nur zu einer Mahlzeit pro Tag eine ausreichende Proteinmenge angeboten wird.

Die Aminosäurenfrequenz der aufzubauenden Körperproteine ist genetisch festgelegt. Läuft die Synthese eines Proteins an, so müssen die einzelnen Aminosäuren in der jeweils erforderlichen Menge vorhanden sein. Keine Aminosäure kann beim Eiweißaufbau an die Stelle einer anderen treten. Fehlt nur eine einzige vorgesehene Aminosäure so kommt die gesamte Synthese zum Stillstand. Die fehlende Aminosäure wird als limitierende (begrenzende) Aminosäure bezeichnet. Kann die fehlende Aminosäure durch Umbau einer anderen Aminosäure oder durch Aufbau aus Grundbausteinen vom Organismus bereitgestellt werden, so läuft die Synthese weiter. Ist die Aminosäure jedoch essentiell, d. h. kann der Körper sie nicht aus anderen Bausteinen synthetisieren, so bringt diese fehlende Aminosäure den Aufbau des Proteins zum Stehen.

Die für den Körper essentiellen (unbedingt notwendigen) Aminosäuren müssen in der Nahrung enthalten sein. Bei der Futtermittelbewertung und Rationszusammenstellung ist deshalb vor allem auf einen bedarfsgerechten Anteil dieser essentiellen Aminosäuren zu achten.

Beim Schwein sind essentiell: Lysin, Methionin, Tryptophan, Leucin, Isoleucin, Threonin, Valin, Histidin und Phenylalanin, beim Ferkel zusätzlich noch Arginin.

In der praktischen Schweinefütterung ist vor allem der Lysingehalt wichtig, da diese Aminosäure am häufigsten mangelhaft vorliegt.

An zweiter Stelle steht die schwefelhaltige Aminosäure Methionin. Methionin kann durch das ebenfalls schwefelhaltige Cystein eingespart werden. Deshalb genügt es, wenn der Summenbedarf der beiden Aminosäuren überprüft wird. Bei Rationen mit einseitig hohem Maisanteil kann Tryptophan limitierend sein.

Es gibt eine ganze Reihe von Kennzahlen, um die Qualität von Futterproteinen für die Eiweißsynthese des Körpers zu charakterisieren. Hier sei nur die gängigste, die biologische Wertigkeit, angesprochen. Sie ist wie folgt definiert:

$$\text{Biologische Wertigkeit} = \frac{\text{Synthetisiertes Körperprotein (g)}}{\text{Futterprotein (g)}} \cdot 100$$

Im Rahmen des Eiweißstoffwechsels ist jedoch nicht nur die ausreichende Bereitstellung der entsprechenden Aminosäuren von entscheidender Bedeutung. Wichtig ist ferner, daß dem Organismus gleichzeitig genügend Energie für die Proteinsynthese zur Verfügung steht.

3.2.3 Mineralstoffe

Bei den Mineralstoffen unterscheidet man aufgrund ihres Gehaltes im Tierkörper zwischen Mengen- (mehr als 50 mg/kg Körpergewicht) und Spurenelementen (weniger als 50 mg/kg Körpergewicht).

Eine Reihe von Mineralstoffen sind für den Organismus essentiell. Bei unzureichender Zufuhr und mangelhaften Reserven in den Körperdepots (erster Linie im Skelett) kommt es zu schweren Stoffwechselstörungen. Extremer Mineralstoffmangel kann sogar zu Todesfällen führen. Schwieriger ist eine

Tabelle 11 Mineralstoffe in der Schweineernährung

Bedeutung für die Rationsgestaltung	Mengenelemente (> 50 mg/kg KG)	Spurenelemente (< 50 mg/kg KG)
große Bedeutung (eindeutige Mangelsituationen möglich)	Kalzium (Ca) Phosphor (P) Natrium (Na)	Eisen (Fe) Kupfer (Cu) Mangan (Mn) Zink (Zn) Jod (J) Selen (Se)
geringere Bedeutung	Magnesium (Mg) Kalium (K) Chlor (Cl) Schwefel (S)	Kobalt (Co) Molybdän (Mo) Fluor (F) Nickel (Ni)

Unterversorgung festzustellen. Sie kann ebenfalls zu Leistungsdepression und Erkrankungen führen. Da die Symptome häufig recht unspezifisch sind, wird sie in der Praxis oft nicht richtig erkannt. Einen Überblick über die essentiellen Mineralstoffe und ihre Bedeutung für die Schweinefütterung gibt Tab. 11. Nachfolgend einige Anmerkungen zu den wichtigsten Mineralstoffen.

Aufgrund der gegenseitigen Abhängigkeit der Mengenelemente Kalzium und Phosphor sollte man diese bei Rationsberechnungen immer gemeinsam überprüfen. Neben der absolut zugeführten Menge kommt dem Verhältnis der beiden zueinander für die Resorption und den Stoffwechsel eine Schlüsselrolle zu. In ausgewogenen Rationen soll das Ca:P-Verhältnis bei 1,5:1 liegen, d. h. 1,5 Teile Kalzium auf 1 Teil Phosphor.

Phosphorüberschuß tritt vor allem bei vorwiegender Verfütterung von Getreide, Kleien und Sojaextraktionsschrot auf. Der gleichzeitig vorliegende Kalziummangel führt zu Abbauvorgängen im Knochen. Dagegen ergibt sich bei stärkerem Einsatz von tierischen Eiweißträgern ein Kalziumüberschuß mit gleichzeitigem Phosphormangel. Die Folgen sind eine reduzierte Futteraufnahme und ebenfalls Abbau von anorganischer Knochensubstanz (mit der Folge von Osteomalacie = Weichheit der Knochen).

Überwiegende Verfütterung von Getreide, Sojaextraktionsschrot oder Kartoffeln verursacht ein Defizit an Natrium. Die Verfütterung von salzhaltigen Küchenabfällen oder Fischmehlen mit Gehalten von mehr als 2% Kochsalz ruft dagegen gelegentlich eine toxisch wirkende Natrium-Überversorgung hervor.

Die Empfehlungen zur Mineralstoffversorgung des Schweines sind in Tab. 12 für die einzelnen Altersstufen in Form des Bruttobedarfes für Kalzium, Phosphor und Natrium angegeben.

Von den Spurenelementen ist beim Schwein das Eisen am wichtigsten. Ursache dafür ist die unzureichende Deckung des Eigenbedarfs bei erst wenigen Tagen alten Ferkeln durch die Sauenmilch und die deshalb auftretende Eisenmangelanämie (Blutarmut, Kümmern, erhöhte Infektionsanfälligkeit und vermehrte Todesfälle). Bei Mastschweinen beobachtet man dagegen Eisenmangel, ähnlich wie auch Kupfermangel, nur bei überwiegender Verfütterung von Magermilch oder Molke.

Tabelle 12 Bruttobedarf an Ca, P und Na beim Schwein (g/Tag)

Altersstufe	Ca	P	Na
Ferkel (10 kg)	4	3	1
Mastschwein (50 kg)	13	9	2
Zuchtsau – hochtragend	20	13	5
Zuchtsau – laktierend	45	30	12

Manganmangel, der bei einseitigen Getreiderationen auftreten kann, führt zu Störungen des Skelettwachstums und verminderter Reproduktionsleistung. Zinkmangel resultiert meist aus einer schlechten Ausnutzung des in den Rationen vorhandenen Zinks. Borstenausfall und borkige Hautveränderungen (Parakeratose) sind die Folgen des Zinkmangels. Jodmangel tritt durch die Jodierung von Viehsalz praktisch nicht mehr auf. Das für den Muskelstoffwechsel wichtige Selen wird in Verbindung mit Vitamin E bei Muskeldegeneration oft mit gutem Erfolg eingesetzt.

3.2.4 Vitamine

Vitamine sind organische Stoffe, die bereits in geringster Menge große Aktivität besitzen und lebensnotwendig sind. Ein absoluter Mangel eines Vitamins (Avitaminose) führt zu typischen Mangelsymptomen. Suboptimal versorgte Tiere (Hypovitaminose), zeigen keine spezifischen Erscheinungen. Es kommt vielmehr zu einem allgemeinen Nachlassen der Leistung und zu Fruchtbarkeitsstörungen.

Die fettlöslichen Vitamine A, D, E und K muß das Schwein mit der Nahrung aufnehmen. Einen kurzen Überblick über die Wirkungsbereiche der fettlöslichen Vitamine und die Mangelerscheinungen gibt Tab. 13.

Das gemeinsame Kennzeichen der Vitamine der B-Gruppe und des Vitamins C ist ihre Wasserlöslichkeit. Da das Schwein wie fast alle Nutztiere das Vitamin C im Körper selbst produzieren kann, ist eine Zufuhr über das Futter nicht erforderlich. Dagegen kann bei einzelnen B-Vitaminen ein Zusatz zum Futter nötig sein. Die Wasserlöslichkeit bedingt, daß die B-Vitamine im Körper fast nicht gespeichert werden können. Deshalb müssen sie laufend in bedarfsgerech-

Tabelle 13 Fettlösliche Vitamine in der Schweineernährung

Vitamin	Wirkungsbereich	Bedarf pro kg KG	Mangelsymptome
A	Haut und Schleimhäute (Epithelschutzvitamin)	60 – 160 IE	Störungen der Fruchtbarkeit Verminderte Infektionsabwehr
D	Ca- und P-Stoffwechsel	5 – 20 IE	Rachitis, Osteomalacie
E	Muskelstoffwechsel	0,2 – 1 mg	Muskeldegeneration, Fruchttod
K	Blutgerinnung	–	Nabelblutungen beim Ferkel

Tabelle 14 B-Vitamine in der Schweineernährung

Vitamin	Wirkungsbereich	Bedarf mg/kg Futter
B_1 oder Thiamin	Abbauvorgänge im Kohlenhydratstoffwechsel	2
B_2 oder Riboflavin	Energiestoffwechsel der Zelle/Eiweißstoffwechsel	4
B_6 oder Pyridoxin	Eiweißstoffwechsel	3
B_{12} oder Cobalamin		30
Nikotinsäure	Stoffwechsel von Kohlenhydraten, Fett und Eiweiß	15
Pantothensäure		12
Folsäure	Bildung von Aminosäuren	1
Biotin	Fettstoffwechsel	0,2
Cholin	Fettstoffwechsel	1000

ter Menge mit dem Futter aufgenommen werden. Andererseits führt eine Überversorgung zu keinen Gesundheitsschäden, da die nicht benötigten Mengen wieder ausgeschieden werden.

Ein Mangel an B-Vitaminen führt zu Beeinträchtigung des Stoffwechsels und zu Herabsetzung der Widerstandsfähigkeit. Deutlich erkennbare äußerliche Anzeichen, die auf das Fehlen eines bestimmten Vitamins hinweisen, treten erst bei ausgesprochenen Mangelzuständen auf. Tab. 14 gibt einen Überblick über die einzelnen Vitamine der B-Gruppe. Bei den Bedarfszahlen handelt es sich um Angaben für Mastschweine. Ferkel und säugende Sauen haben einen etwas höheren Bedarf (pro kg Futter).

Unter den gängigen Fütterungsbedingungen ist die Versorgung der Schweine mit Thiamin, Folsäure, Biotin und Cholin gesichert. Dagegen ist Riboflavin, Pantothensäure und – bei der Maismast – auch Nikotinsäure meist in unzureichender Menge im Futter enthalten. Als Besonderheit von Cobalamin sei angemerkt, daß bei Futtermitteln, die pflanzliches Eiweiß enthalten, eine Ergänzung nötig ist. Insgesamt gesehen sind Hackfrüchte und auch Getreide im Gegensatz etwa zu Mühlennachprodukten arm an B-Vitaminen.

3.2.5 Wasser

Die Bedeutung einer ausreichenden Wasserversorgung für die Aufrechterhaltung einer hohen Leistungsbereitschaft wird auch heute vielfach unterschätzt und zu wenig beachtet. Der Wasserbedarf des Mastschweines beträgt pro kg Futtertrockensubstanz etwa 2 bis 3 Liter, also 5 bis 8 Liter pro Tag. Eine laktierende Zuchtsau benötigt 15 bis 30 Liter Wasser pro Tag.

Praktisch in allen modernen Haltungssystemen kommen Selbsttränken zum Einsatz, die den Schweinen jederzeit eine Wasseraufnahme ermöglichen. Dadurch erlahmt oft das Interesse und die Sorgfalt des Betreuers. Sowohl aus produktionstechnischen als vor allem auch aus tierschützerischen Überlegungen ist jedoch eine regelmäßige Kontrolle und – soweit erforderlich – Säuberung und Instandsetzung der Tränkanlagen unumgänglich.

3.3 Futtermittelbewertung

3.3.1 Nährstoffgehalt und Verdaulichkeit

Die chemische Analyse der Futtermittel liefert die Grunddaten für die Futtermittelbewertung. Das Standardverfahren zur Bestimmung der Nährstoffgruppen in Futtermitteln ist die Weender-Analyse. Sie ist relativ einfach und schnell zu handhaben. Ihr Nachteil ist, daß ein Teil der Komponenten nicht analytisch, sondern durch Differenzbildung als Restmenge errechnet wird. Analytisch erfaßt werden nur Trockensubstanz, Rohasche, Rohprotein, Rohfett und Rohfaser. Durch Differenzbildung werden das Rohwasser, die organische Substanz und die N-freien-Extraktstoffe errechnet.

Der Körper kann von den chemisch bestimmten Rohnährstoffen nur die verdaulichen Anteile aufnehmen. Als verdaut wird alles bezeichnet, was im Futter enthalten war und im Kot fehlt. Da im Kot jedoch auch Bestandteile auftauchen, die nicht unverdaut aus dem Futter stammen, sondern bereits einmal verdaut waren und jetzt vom Organismus über den Darmweg ausgeschieden werden, spricht man auch von scheinbarer Verdaulichkeit. Da die körpereigenen Anteile – mit Ausnahme der Mineralstoffe und des Proteins – mengenmäßig nur eine sehr geringe Rolle spielen, wird meist nicht mit der exakteren wahren Verdaulichkeit gearbeitet, da diese wesentlich aufwendiger zu bestimmen ist.

Der Verdauungsquotient (VQ) in % errechnet sich als scheinbare Verdaulichkeit eines Futtermittels wie folgt:

$$VQ = \frac{\text{Menge im Futter} - \text{Menge im Kot}}{\text{Menge im Futter}} \cdot 100;$$

Eine Reihe von Faktoren hat Einfluß auf die Verdaulichkeit eines Futtermittels. So spielen beim Schwein u. a. die Höhe des Rohfasergehaltes, der Zerkleinerungsgrad oder die technischen Behandlungen (Erhitzen, Dämpfen, etc.) eine Rolle. Am engsten ist der Zusammenhang zwischen dem Rohfasergehalt und der Verdaulichkeit eines Futtermittels.

Grundsätzlich gilt, daß Futtermittel, die 8% und mehr Rohfaser enthalten, in ihrer Verdaulichkeit unter 80% absinken und deshalb als Alleinfuttermittel für bestimmte Leistungsstadien von Schweinen schon nicht mehr einsetzbar sind, weil sie eine zu niedrige Konzentration haben. Eine Verwendung als Mischungskomponente wird dadurch nicht ausgeschlossen.

Die Verdaulichkeit kann durch einige Maßnahmen verbessert werden. So läßt sich z. B. bei Körnerfrüchten durch Zerkleinerung eine Steigerung der Verdaulichkeit erzielen. Auch Erhitzungsverfahren, wie etwa das Toasten des Sojaextraktionsschrotes oder das Dämpfen oder Silieren von Kartoffeln haben einen positiven Einfluß auf die Verdaulichkeit. Diese Effekte sind teilweise auch nur Nebeneffekte, wie etwa beim Toasten von Soja, das ursächlich der Zerstörung eines Trypsinhemmers dient. Andererseits kann unkontrolliertes längeres Erhitzen (zu hohe Temperatur) die Verdaulichkeit auch verschlechtern.

Die Frequenz der Fütterung, die Verteilung der Futteranteile auf die einzelnen Mahlzeiten, das Fütterungsniveau oder die Verabreichungsform (trocken, breiig, flüssig) des Futters hat keinen Einfluß auf die Verdaulichkeit von Futtermitteln. Auch die Zerkleinerung von Grundfutter oder Hackfrüchten bewirkt allenfalls eine Verbesserung der Futteraufnahme, nicht jedoch der Verdaulichkeit.

3.3.2 Energiebewertung

Die Grundlage der Rationsberechnung beim Schwein bildet bei uns nach wie vor der Gesamtnährstoff (GN) nach Lehmann. Hierbei dienen die verdaulichen Nährstoffe als Basis für die energetische Bewertung von Futtermitteln. Auf Grund des höheren Energiegehaltes werden dabei Fette mit dem Umrechnungsfaktor 2,3 multipliziert; N-freie-Extraktstoffe, Rohfaser und Rohprotein hingegen werden energetisch gleichgesetzt. Der GN führt wegen der gleichgewichtigen Bewertung der Kohlenhydrate in den stickstofffreien Extraktstoffen (NfE) und der Rohfaser zu Überschätzungen des energetischen Futterwertes, wenn ein Futtermittel mit starken Anteilen an Gerüstsubstanzen (Rohfaser) bewertet wird.

In der Tab. 15 ist am Beispiel von Weizenfuttermehl der Berechnungsgang für die GN-Ermittlung demonstriert.

Bei Mischfuttermitteln ist die Berechnung des GN sehr problematisch, bzw. nicht mehr durchführbar, wenn keine zusätzlichen Informationen vorliegen. Nach dem seit dem 1. 7. 1976 gültigen Futtermittelgesetz (FMG) müssen nämlich die Einzelkomponenten der Futtermischung nicht mehr ausgewiesen werden.

An die Stelle der Deklaration (Angabe auf dem Sackanhänger) der Gemengeteile tritt nach dem FMG die erweiterte Deklaration der Inhaltsstoffe, die neben Mineral- und Wirkstoffen vor allem die Gehalte an Rohprotein, Rohfett, Stärke und Zucker umfaßt.

Bei der Deklaration von Mischfuttermitteln sind nach dem FMG nur drei Möglichkeiten vorgesehen:

1. Vollständige Deklaration aller vorgeschriebenen Inhaltsstoffe
2. Bezeichnung „hergestellt nach Normtyp" mit vollständiger Deklaration der vorgeschriebenen Inhaltsstoffe

Tabelle 15 Berechnung des Gesamtnährstoffes (GN) für Weizenfuttermehl

Nährstoffe	Rohprotein	Rohfett	Rohfaser	Stickstoff-freie Extraktstoffe (NfE)
g/kg	178	48	41	517
Verdaulichkeit in %	88	85	31	86
verdauliche Nährstoffe	157	41	13	445
Faktor	1	2,3	1	1
Gesamtnährstoff	157	94	13	445

Gesamtnährstoff Weizenfuttermehl = 709

3. Bezeichnung „hergestellt nach Normtyp" ohne Angabe der einzelnen Inhaltsstoffe

Der prinzipielle Vorteil der neu eingeführten Deklaration der Inhaltsstoffe gegenüber der Angabe der einzelnen Gemengeteile ist darin zu sehen, daß die für die jeweiligen Mischfuttermittel geforderten Inhaltsstoffe im Rahmen einer chemischen Analyse jederzeit überprüft werden können. Die Angabe „hergestellt nach Normtyp" garantiert die Mindest- bzw. Höchstmengen bestimmter Inhaltsstoffe in einem Mischfutter, wie sie in der Anlage zum FMG festgeschrieben sind.

Auf der Basis der Inhaltsstoffe kann man aber keine GN-Berechnung durchführen, weil die Verdaulichkeit der Nährstoffe nicht bekannt ist. Aus dieser Situation heraus entstanden drei neue energetische Bewertungsmaßstäbe, die der Beurteilung von Mischfuttermitteln bei Schweinen dienen:

1. Summenzahl (SZ)
2. Energiezahl Schwein (EZS)
3. Energiemeßzahl Schwein (EMs)

Nachfolgend sollen alle drei Berechnungsmethoden vorgestellt werden, da zumindest in den nächsten Jahren die einzelnen Energiekennzahlen parallel verwendet werden dürften.

Die Summenzahl garantiert bei Mischfuttermittel nach Normtyp indirekt einen Mindestgehalt an Energie. Sie wird berechnet aus den prozentualen Gehalten an Stärke, Zucker und Rohfett.

SZ = % Stärke + % Zucker + % Rohfett · 2

Auch die Energiezahl-Schwein nach Henkel hat als Berechnungsgrundlage die prozentualen Gehalte. Protein wird mit dem Faktor 0,8 gewichtet. In Abhängigkeit vom absoluten Fettgehalt ergibt sich:

< 5% Fettgehalt:
EZS = % Rohprotein · 0,8 + % Rohfett · 2 + % Zucker + % Stärke
> 5% Fettgehalt:
EZS = % Rohprotein · 0,8 + % Rohfett · 2,5 + % Zucker + % Stärke

Zur vollständigen direkten Berechnung des Energiegehaltes nach der Energiemeßzahl-Schwein wird auch noch die organische Restsubstanz herangezogen. Diese organische Restsubstanz errechnet sich folgendermaßen:

   % Trockensubstanz
– % Asche
– % Rohprotein
– % Rohfett
– % Stärke
– % Zucker

= organische Restsubstanz

Die Energiemeßzahl Schwein wird aus den Gewichtsanteilen der Inhaltsstoffe in g berechnet nach der Formel:

Tabelle 16 Mindestgehalte (EMs) und Umrechnungsfaktoren (EZS) für Mischfuttermittel

Mischfutter	EMs	Umrechnungsfaktor EZS → GN
Alleinfutter für Ferkel	> 650	11,5
Ergänzungsfutter für Ferkel	> 660	–
Alleinfutter I Mast	> 660	12,0
Alleinfutter II Mast	> 650	12,7
Ergänzungsfutter I Mast	> 650	12,0
Alleinfutter für Zuchtsauen	> 660	11,8
Ergänzungsfutter Zuchtsauen	> 650	13,0

EMs = g Rohprotein · 0,8 + g Rohfett · 2 + g Stärke + g Zucker + g organische Restsubstanz · 0,3

Wegen der unterstellten Verdauungsquotienten liefert die EMs nur für solche Mischfuttermittel richtige Werte, die zwischen 650 und 750 EMs liegen. Eine Umrechnung von EMs in GN ist nicht möglich. Als Richtzahl sei vermerkt, daß der DLG Standard von 700 GN in etwa einer EMs von 675 entspricht.

Insgesamt kann festgestellt werden, daß SZ, EZS und EMs nur bedingt dazu geeignet sind, in der Schweinefütterung als energetische Bewertungsmaßstäbe verwendet zu werden. Der GN ist nach wie vor noch am geeignetsten. Letztendlich wird jedoch später einmal ein neues Bewertungssystem, das als Basis die umsetzbare Energie haben dürfte, die z. Z. praktizierten Energiezahlen ablösen.

In Tab. 16 sind für die wichtigsten Mischfuttermittel sowohl die Mindestenergiegehalte in EMs (2% Rohfett), als auch die Umrechnungsfaktoren für die EZS in GN zusammengestellt. Es ist zu beachten, daß bei der Umrechnung im Einzelfall größere Abweichungen auftreten können.

3.4 Rationsgestaltung

Das Ziel der Rationsgestaltung ist die bedarfsgerechte und wirtschaftliche Versorgung der Tiere mit Futter. Dazu benötigt man Kenntnisse

über die Tiere:
1. täglicher Bedarf eines Tieres
2. Futteraufnahmevermögen

und über die zu verwendenden Futtermittel:

1. Gehalte an Rohprotein, Aminosäuren, Rohfetten, Rohfaser, Rohasche, Energie, Mineralstoffen, Vitaminen und sonstigen Inhalts- und Zusatzstoffen.
2. Preis je Gewichtseinheit

Bei der Errechnung der Mischungsanteile für Mischfuttermittel, die aus vielen Einzelfuttermitteln zusammengesetzt sind, werden heute von der Futtermittelindustrie überwiegend Computer verwendet.

Werden Schweine mit Alleinfuttermittel gefüttert, so erfolgt die Zuteilung des Futters nach Rationslisten. Diese Rationslisten enthalten Angaben über die Mengen, die ein Mastschwein bei dem jeweils erreichten Körpergewicht oder eine Zuchtsau im jeweiligen Leistungsstadium an Futter verbraucht.

Die Zuteilung der Ration erfolgt entweder ad libitum (Futteraufnahme nach Belieben der Schweine) oder limitiert (nach Rationslisten oder auf blanken Trog). Bei Automatenfütterung wird die Tagesration auf bis zu 6 Einzelmahlzeiten verteilt.

Tragende Sauen können mit Alleinfutter oder mit Eigenmischungen (betriebseigenes Getreide und eiweißreiches Ergänzungsfutter) gefüttert werden. Eine Zufütterung von Stroh zur Sättigung kann günstig sein, wenn (wie es gefordert wird) die Alleinfutterration knapp gehalten wird (2 kg). Bei leeren und graviden Sauen ist auch der Einsatz von Grundfutter möglich. Diese Form nennt man die kombinierte Fütterung. Laktierende Sauen erhalten wegen ihres hohen Nährstoffbedarfes nur Alleinfutter (Mischfutter).

Ferkeln wird ab der zweiten Lebenswoche Ergänzungsfutter angeboten. Die Umstellung auf Alleinfutter (Ferkelaufzuchtfutter) erfolgt etwa in der 5. Lebenswoche. Die verschiedenen Formen des Frühabsetzens der Ferkel ziehen entsprechende Fütterungsmaßnahmen nach sich.

Das verbreitetste Verfahren der Schweinemast ist die Getreidemast. Es wird entweder mit zugekauftem Fertigfutter oder mit einer Mischung aus eigenem Getreide und zugekauftem Ergänzungsfutter (Grundstandard etc.) gefüttert.

Die Mast mit anderen Futtermitteln wie mit Hackfrüchten (Kartoffeln, Rüben), mit Rückständen aus Brennerei und Molkerei (Schlempe, Molke, Magermilch) oder mit Futtermitteln aus dem Maisanbau (Maiskolbenschrotsilage, Corn-Cob-Mix) hat regionale Bedeutung.

Die Bedarfszahlen für die Schweinefütterung sollen hier nicht im einzelnen besprochen werden. Als Richtgröße sei lediglich auf die in Tab. 17 zusammengestellten Faustzahlen verwiesen.

Tabelle 17 Faustzahlen zum Bedarf von Zucht- und Mastschweinen

Mastschweine			
Lebendgewicht	tägliche Zunahme (g)	verd. Rohprotein (g)	GN
20	500	170	800
60	750	270	1600
100	750	320	2200

Zuchtschweine		
Leistungsstadium	verd. Rohprotein (g)	GN
tragend, 1. – 12. Woche	200	1500
tragend, 13. – 16. Woche	250	1650
laktierend (mit 10 Ferkel)	800	4000

4 Grundlagen der Haltung

Alle Haltungssysteme stellen Kompromisse zwischen folgenden Ansprüchen dar:
1. Dem Wohlbefinden der Tiere, das sich in der Leistung bzw. in den Tierverlusten widerspiegelt
2. Dem Arbeitsaufwand für den Menschen
3. Den hygienischen Anforderungen
4. Den Kosten für Gebäude und Mechanisierung

Die Konzentration der Schweinehaltung, die durch ökonomische Zwänge verursacht wird, hat großen Einfluß auf die Entwicklung neuer Haltungsverfahren.

4.1 Stallklima

Gesundheit und Leistungsfähigkeit sind im hohen Maße von der Gestaltung der Umweltverhältnisse abhängig. In unseren Klimazonen hält man Schweine vorwiegend in Stallungen. Somit versteht man in der intensiven Schweineproduktion unter Umwelt in erster Linie das Stallklima (Abb. 19).

Dieses Stallklima ergibt sich aus dem Zusammenwirken von fünf wesentlichen Einzelfaktoren, nämlich der Temperatur, der Luftfeuchtigkeit, der Luftbewegung im Tierbereich, der Luftzusammensetzung oder Gaskonzentration und den Lichtverhältnissen. Die Anforderungen der Tiere an diese einzelnen Faktoren bestimmen die Maßnahmen zur Stallklimagestaltung.

4.1.1 Spezielle Anforderungen von Schweinen an das Stallklima

Temperatur

Die Thermoregulation der Schweine ist unvollständig. Schweine steuern ihren Wärmehaushalt vor allem durch die Regulation der Wärmeerzeugung, weniger durch die Abgabe der Wärme. Trotzdem geben Schweine ständig Wärme an ihre Umgebung ab und zwar in die umgebende Luft (durch Konvektion) und an

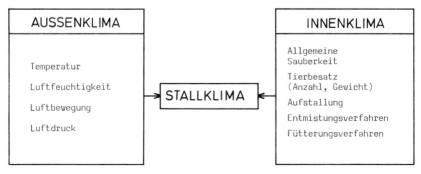

Abb. 19 Stallklimafaktoren

die Liegeflächen (durch Wärmeleitung). Auch durch die Verdunstung von Wasser bei der Atmung und die Wärmestrahlung (ist abhängig von der Temperaturdifferenz zwischen Körperoberfläche und Bauteiloberfläche) verlieren die Tiere Wärme. Damit die Wärmeabgabe durch Leitung und Strahlung nicht zu groß wird, soll die Oberflächentemperatur der Bauteile nicht mehr als 3 °C unter der Raumtemperatur liegen. Dies läßt sich durch guten baulichen Wärmeschutz erreichen.

Die Steigerung des Stoffwechsels bei kalten Umgebungstemperaturen durch die Umwandlung von Futterenergie in Körperwärme führt zu schlechterer Futterverwertung. Ökonomisch ist es bislang günstiger, Ställe direkt zu beheizen und nur die in den intermediären Stoffwechselvorgängen freiwerdende Abwärme in die Berechnungen des Wärmehaushaltes miteinzubeziehen. In Zeiten ständig steigender Kosten für die Stallheizung (Ölpreiserhöhung) gewinnen jedoch Maßnahmen zur Energieeinsparung – wie etwa gute Wärmeisolation – immer mehr an Bedeutung. So ist bei der Entscheidung, ob eine Haltungsform ohne Einstreu gewählt werden soll, die erforderliche höhere Stalltemperatur als zusätzlicher Kostenfaktor zu werten.

Die anzustrebenden Optimalbereiche für die Stalltemperatur können der Tab. 18 entnommen werden. Bei Haltung mit Einstreu können die Werte um 4 Grad Celsius und mehr niedriger liegen, wogegen bei perforierten Böden (Spaltenböden) noch etwa 2 Grad Celsius hinzugerechnet werden müssen. Auch verlangt die Einzelhaltung etwas höhere Stalltemperaturen als die Gruppenhaltung, da sich die Tiere nicht gegenseitig wärmen können. In der Gruppenhaltung ist dichtes Auf- und Nebeneinanderliegen von Tieren im allgemeinen ein Zeichen für zu geringe Stalltemperatur.

Die Temperatur im Stall kann um so niedriger sein,
je niedriger die relative Luftfeuchtigkeit ist,
je besser isoliert Liegeflächen und Stall sind,
je mehr Bewegungsfreiheit die Tiere haben,
je trockener und sauberer die Haltung ist und
je geringer die Zugluft ist.

Luftfeuchtigkeit

Luft kann in Abhängigkeit von der Temperatur nur eine bestimmte Menge Wasser als Dampf aufnehmen. Je kühler die Luft ist, um so weniger Wasser kann sie halten. Die Menge des Wassers in der Luft wird als absolute Luftfeuchtigkeit bezeichnet. Die relative Luftfeuchtigkeit in % gibt an, welcher Teil der maximal möglichen Wassermenge tatsächlich in der Luft vorhanden ist. Wenn Luft abgekühlt wird, steigt die relative Luftfeuchtigkeit und beim Unterschreiten des Taupunktes kondensiert der Wasserdampf zu Wasser.

Grundsätzlich sollte die relative Luftfeuchtigkeit zwischen 60 und 80 % liegen (Tab. 18). Lediglich bei Ferkeln empfehlen sich etwas niedrigere Werte. Die Bedeutung der Luftfeuchtigkeit ist in ihrer Rolle im Wärmehaushalt begründet. Hohe Luftfeuchtigkeit verschlechtert die Möglichkeit der Wärmeabgabe durch Wasserverdunstung (Haut, Atmungssystem). Bei hohen Temperaturen (30 Grad Celsius) und hoher relativer Luftfeuchtigkeit kann es deshalb zum

Tabelle 18 Optimalbereiche von Stallklimafaktoren

	Temperatur °C	rel. Luftfeuchtigkeit %	Luftgeschwindigkeit m/s	Mindestluftrate m³/Std/GV Winter	Sommer
Ferkel, Geburt	38				
Ferkel 1. Woche	30 – 32	40 – 60	0,1	100	700
Ferkel 4. Woche	24 – 26	50 – 70	0,1		
Ferkel 10. Woche	20 – 22	60 – 80	0,1	100	800
Mastschweine/Vormast	18 – 20	60 – 80	0,2	85	700
Mastschweine/Hauptmast	16 – 18	60 – 80	0,2	85	650
Jungsauen	5 – 15	60 – 80	0,2		
Leere und tragende Sauen		60 – 80	0,2	100	600
Eber	15 – 18	60 – 80	0,2		
ferkelführende Sauen		50 – 70	0,2	100	700

GV = Großvieheinheit

Wärmestau bei den Schweinen kommen. Andererseits fördert eine zu niedrige Luftfeuchtigkeit die Verdunstung von körpereigenem Wasser. Die gleichzeitig abgegebene Wärme führt z. B. zu Abkühlungen der Schleimhaut in den Atmungsorganen, welche Erkrankungen begünstigen. Eine Luftbefeuchtung des Zuluftstromes ist möglich und empfiehlt sich im Winter, da bei Erwärmung der Luft der relative Feuchtigkeitsgehalt sinkt.

Luftbewegung

Auch die Luftbewegung wirkt sich auf den Wärmehaushalt aus: Je höher die Luftgeschwindigkeit, um so mehr Wärme wird dem Körper entzogen. Andererseits kann durch eine Erhöhung der Luftbewegung die Obergrenze der Behaglichkeitstemperatur angehoben werden. Bewegt sich die Lufttemperatur im Winter im Optimalbereich, so sollte die Luftbewegung 0,1 bis 0,2 m pro Sekunde nicht übersteigen. Hingegen sind im Sommer bei Überschreitung der Optimaltemperatur höhere Luftgeschwindigkeiten günstig. Bei 25 bis 30 Grad Celsius und einer relativen Luftfeuchtigkeit von 60 bis 80% kann die Luftgeschwindigkeit 0,5 bis 1 m pro Sekunde betragen. Die Luftbewegung muß immer zusammen mit der Lufttemperatur beurteilt werden. Zugluft wirkt sich nämlich nicht wegen der hohen Luftbewegungsrate, sondern wegen der zu niedrigen Temperatur der bewegten Luft nachteilig aus.

Zusammensetzung der Stalluft

Im Stall verändert sich die Luft durch die Atmung der Tiere (Verbrauch von Sauerstoff und Abgabe von Kohlendioxid) und durch die Abbauprodukte von Kot und Harn. Die gasförmigen Verunreinigungen bestehen aus Kohlendioxid (CO_2), Ammoniak (NH_3), Schwefelwasserstoff (H_2S) und eventuell Kohlen-

Tabelle 19 Maximal zulässige Gaskonzentration in der Stalluft

	Maximalwert für Tiere in l/m^3* (DIN 18910)	MAK-Werte in l/m^3
Kohlendioxid	< 3,5	< 2,0
Ammoniak	< 0,05	< 0,01
Schwefelwasserstoff	< 0,01	0

*1 l/m^3 = 0,1 Volumen-Prozent = 1000 parts per million (ppm)

monoxid (CO). Die Lüftung muß so ausgelegt sein, daß keine schädlichen Konzentrationen dieser Gase entstehen. Man unterscheidet hier zwischen den für die Tiere zulässigen Höchstwerten und der – im allgemeinen niedrigeren – für den Menschen zulässigen maximalen Arbeitsplatzkonzentration (MAK-Wert). In Tab. 18 sind diese Werte zusammengestellt.

Es muß beachtet werden, daß beim Aufrühren von Gülle ein Vielfaches der normalerweise vorhandenen Schadgasmengen frei werden kann (vor allem Schwefelwasserstoff). Zur Vermeidung von Unglücksfällen muß diesem Umstand insbesondere dann Rechnung getragen werden, wenn Güllelagerstätten entleert werden, die direkt unter den Stallungen liegen oder wenn zwischen Stall und Güllegrube kein Geruchsverschluß eingebaut ist.

Auch der Staub- und Keimgehalt der Stalluft muß durch geeignete Reinigungs- und Lüftungsmaßnahmen verringert werden.

Beleuchtung

Absolute Dunkelhaltung von Schweinen ist abzulehnen. Sie bringt außer einer geringen Stromkosteneinsparung keine Vorteile und ist aus tierschützerischen Gründen nicht vertretbar. Der Bau von fensterlosen Ställen ist aber wegen niedrigerer Kosten für Isolierung und Luftführung günstiger. Daher werden vor allem für große Bestände vermehrt fensterlose Ställe gebaut. Allerdings muß bei derartigen Bauausführungen für ausreichende künstliche Beleuchtungsmöglichkeiten gesorgt sein. Damit die erforderlichen Arbeiten und die Tierbeobachtung sorgfältig durchgeführt werden können, muß die Beleuchtungsstärke im Tierbereich mindestens 60 Lux betragen. Die Hauptbeleuchtungszonen, in denen diese Lichtstärke auf alle Fälle erreicht werden sollte, sind Futtergänge und Ferkelbereich.

Tageslicht hat bei Zuchttieren vorteilhafte Auswirkungen auf die Entwicklung und die Fortpflanzungsleistung. Als Richtgröße für die Fensterfläche können folgende Werte gelten:

5% der Stallgrundfläche bei Mastställen,
7% der Stallgrundfläche bei Zuchtställen.

4.1.2 Beeinflussung des Stallklimas

Optimale Klimaverhältnisse im Schweinestall werden erreicht durch geeignete Standortwahl, ausgeglichenen Wärmehaushalt, leistungsstarke Lüftungsanlagen und gute Wärmedämmung (siehe 4.2.1).

Standortwahl

Eine erste Möglichkeit, die Wirtschaftlichkeit und die Entwicklungsmöglichkeiten eines Schweineproduktionsbetriebes in die gewünschte Richtung zu bringen, stellt die Standortwahl dar. Da die Schweinehaltung weitgehend flächenunabhängig betrieben werden kann, ist es möglich, den Standort im Hinblick auf günstige Raumordnung, Abfallbeseitigung und geforderte Immissionsschutzbedingungen auszuwählen (vgl. 6.3).

Raumumschließende Bauteile

Die Auswahl der raumumschließenden Bauteile beeinflußt den Wärme- und Wasserhaushalt des Stalles entscheidend. Die Ansprüche an die Wärmeschutzmaßnahmen können mittels einer Wärmebilanzgleichung ermittelt werden.

Wärmebilanzgleichung

Summe der Wärmeverluste (Wärmeentzug durch raumumschließende Bauteile und Lüftung) = Summe der produzierten Wärme (Wärmeabgabe der Nutztiere und Wärmeproduktion der Heizung)

An Hand der Wärmebilanzgleichung ergeben sich die erforderlichen Maßnahmen zur Regulierung des Wärmehaushaltes:

- der Ausgleich des Wärmedefizits im Winter durch verstärkten Wärmeschutz und – soweit notwendig – Heizung,
- die Ableitung des Wärmeüberschusses aus dem Tierbereich im Sommer durch Kühlung.

Dabei fällt im Rahmen der Einschränkung der Wärmeverluste der Wärmedämmung des Stalles große Bedeutung zu. Durch Verringerung der stark wärmeleitenden Bauteilflächen, den Einbau gut wärmegedämmter Fenster und Türen sowie die Isolierung von Wänden und Decken kann schon bei Bauplanung und -ausführung der spätere Energieverlust reduziert werden.

Lüftungsanlagen

Die Be- und Entlüftungsanlagen dienen der schnellen und anhaltenden Regulierung des Stallklimas und können permanent den Erfordernissen angepaßt werden. Die Aufgabe der Lüftung besteht aus:

1. Versorgung der Tiere mit zugfreier, gleichmäßig verteilter Frischluft
2. Entsorgung des Stalles von überschüssigem Wasserdampf, Schadgasen und Wärmeüberhang

Damit die Lüftungsanlage eines Stalles diesen genannten Aufgaben gerecht werden kann, ist es unerläßlich, daß die installierten Ventilatoren, Luftleit- und Regeleinrichtungen aufeinander abgestimmt und richtig dimensioniert sind.
    Gezielte Luftführung ist nur durch Zwangsbelüftung (d.h. Ventilatoren) erreichbar. Weitere Voraussetzungen sind, daß im Stall keine Falschluftströ-

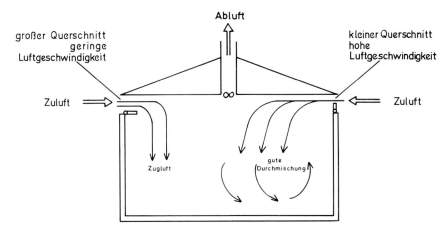

Abb. 20 Frischluftverteilung im Stall in Abhängigkeit vom Querschnitt der Zuluftöffnung bei einer Unterdrucklüftung

mungen (durch Türritzen, Fenster etc.) auftreten, daß sich im Frischluftstrom keine Hindernisse (durch Verschmutzungen, Staubablagerungen) befinden und daß die Zu- undAblufteinrichtungen nicht durch Windeinwirkung in ihrer Funktionsfähigkeit gestört werden.

Bei der Zuführung der Frischluft muß in erster Linie auf gleichmäßige und zugfreie Verteilung geachtet werden. Dies kann bei einer gewünschten Luftmenge durch die Variation des Querschnittes der Zuluftöffnung erreicht werden. Wie Abb. 20 (Unterdrucklüftung) zeigt, hat ein großer Zuluftquerschnitt eine zu geringe Eindringtiefe der Frischluft in den Stall zur Folge. Dies ist dadurch bedingt, daß die Luft unmittelbar nach dem Eintritt in den Stallraum wegen der geringen Geschwindigkeit sofort nach unten fällt und als Zugluft im Tierbereich wirkt. Richtig ist die Zuluftführung wie sie auf der rechten Stallseite dargestellt ist. Ein kleiner Querschnitt bringt eine hohe Luftgeschwindigkeit mit sich, die Zuluft wird weit in den Stall hineintransportiert und kann sich dabei erwärmen und gleichmäßig im ganzen Tierbereich verteilen.

Die verschiedenen Lüftungssysteme unterscheidet man nach den im Stall gegenüber der Außenluft herrschenden Druckverhältnissen. Es gibt Unterdruck-, Überdruck- und Gleichdrucksysteme.

Bei einer Unterdrucklüftung wird die Stalluft abgesaugt. Es herrscht ein leichter Unterdruck im Stall. Auf Grund dieses Unterdruckes fließt über entsprechende Zuluftkanäle oder sonstige Öffnungen wie Fenster und Türen die Zuluft in den Stall (Abb. 20). Wegen der gezielten Entfernung der Abluft treten in den Nebenräumen des Stalles keine Geruchsbelästigungen auf. Unterdruckanlagen verursachen i. allg. die niedrigsten Anlage- und Betriebskosten.

Ein gewisser Nachteil dieses Systems ist, daß die Ventilatoren ständig mit der Stalluft in Kontakt sind. Das führt zu einem starken Verschleiß der Geräte. Die stärkere Verschmutzung der Ventilatoren kann ihre Funktionsfähigkeit beeinträchtigen. Beim Einbau einer Unterdrucklüftung müssen unbedingt, soweit nicht schon vorhanden, Geruchsverschlüsse zwischen Güllebehälter und Stallraum eingebaut werden, da sonst durch den Unterdruck im Stall Schadgase aus

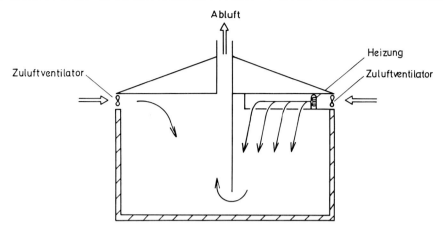

Abb. 21 Überdruckbelüftung ohne (linke Seite) und mit (rechte Seite) Anwärmung der Zuluft

der Grube in den Tierbereich angesaugt werden. Sind die Undichtigkeiten des Stalles zu groß, so ist keine gezielte Luftführung mehr möglich.

Die Überdrucklüftung (Abb. 21) beruht auf dem Prinzip der gezielten Frischluftzuführung. Die Ventilatoren sind so angebracht, daß sie frische Luft in den Stall hineindrücken. Deshalb ist auch bei nicht dichtem Stall eine gezielte Raumluftströmung möglich. Im Stallbereich herrscht somit ein geringer Überdruck, der für die Entfernung der Abluft aus dem Stall sorgt. Da dieser Druck nicht sehr groß ist, sind die Abluftschächte sehr windempfindlich. Ein weiterer Nachteil des Überdrucksystems besteht darin, daß die Stalluft in die Nebenräume gedrückt oder durch Ritzen etc. den Stall verläßt. Das kann zu Verschmutzungen der Außenwände und zu Schäden an der Bausubstanz führen. Ein großer Vorteil der gezielten Luftzuführung ist in den technisch einfachen Möglichkeiten der Anwärmung des Zuluftstromes zu sehen.

Die aufwendigsten Lüftungssysteme arbeiten mit Gleichdruck (Abb. 22). Sowohl die Luftzu- als auch die Luftabführung wird hier über Ventilatoren geregelt. Durch den höheren technischen Aufwand sind diese Systeme mit mehr Investitions- und Betriebskosten belastet. Exakte Einstellung und regelmäßige Wartung sind von größter Wichtigkeit für ein fehlerfreies Funktionieren. Bei der Unterflurentlüftung, einer Variante der Abluftführung bei Gleichdrucksystemen, wird die Stalluft unterhalb des Spaltenbodenniveaus abgesaugt und über Schächte, die bis über den Dachfirst hinausreichen, abtransportiert. Mit diesem Verfahren erreicht man im Tierbereich optimale Klimaverhältnisse.

Gleichdruckanlagen vereinigen bis zu einem gewissen Grad die Vorteile der beiden erstgenannten Verfahren in sich und ermöglichen bei richtigem Betrieb eine gute Regulierung des Stallklimas. Sie haben zusätzlich den Vorteil, daß man sie durch Abschalten der Zuluftventilatoren als Unterdrucklüftungen fahren kann.

Für Gesundheit und Leistungsfähigkeit der Nutztiere ist die ausreichende Be- und Entlüftung des Stallraumes von enormer Wichtigkeit. Länger andauernder Stromausfall führt zu katastrophalen Raumklimaverhältnissen, die dann nicht

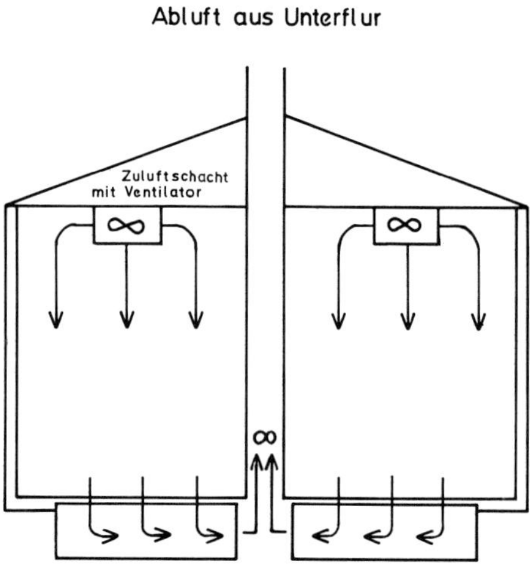

Abb. 22 Gleichdruckbelüftungsanlage mit Unterflurentlüftung

selten von Todesfällen einzelner Tiere bis ganzer Bestände begleitet werden. Deshalb ist bei größeren Betrieben eine akustische Stromausfallanzeige, bzw. ein sich selbsttätig einschaltendes Notstromaggregat unerläßlich. Auch der Einbau von Notluftklappen, die sich bei Stromausfall automatisch öffnen, ist als Sofortmaßnahme zur Rettung der Tiere geeignet. Da diese Klappen jedoch keine Stallklimatisierung zulassen, ist unbedingt für ein rechtzeitiges Wiederanlaufen der Lüftungsanlage durch Notstromaggregate Sorge zu tragen.

Heizung

Stallheizungen basieren entweder auf dem Prinzip der Warmwasserzentralheizungen oder dem der Warmluftheizung. Warmluftheizungen eignen sich vor allem zum Einbau bei Überdruck- oder Gleichdruck-Lüftungsanlagen. Die vorbeistreichende Luft wird dabei über ölbefeuerte Lufterhitzer, Warmwasserheizregister oder ähnliche Systeme angewärmt und mit dem Zuluftstrom in den Stall geleitet. Das hat den Vorteil, daß auch bei Störungen der Luftzufuhr nie kalte Luft in den Tierbereich gelangen kann. Wichtig ist, daß Lüftung und Heizung nicht von der gleichen Regeleinrichtung gesteuert werden, weil sie sich sonst gegenseitig hochschaukeln (je stärker die Lüftung arbeitet, um so mehr wird geheizt und umgekehrt).

Bei Unterdruckanlagen kann die Zuluft durch Vorbeiströmen an Wärmekonvektoren temperiert werden. Warmwasserzentralheizungen arbeiten mit Konvektoren, Plattenheizkörpern oder Bodenheizschlangen (nur für Ferkelnester). Gasstrahler eignen sich sehr gut als Wärmequellen in Ferkelställen (Flatdeck), Abferkelställen und Vormastställen.

Mehr und mehr gewinnen auch Anlagen zur Wärmerückgewinnung aus der Stallabluft und zur Nutzung alternativer Energieformen an Bedeutung. Angespornt durch die enorme Verteuerung von Heizöl und -gas hat die Entwicklung solcher Systeme einen starken Auftrieb erhalten. Es müssen jedoch die Erfahrungen der nächsten Jahre abgewartet werden, um entscheiden zu können, welche Systeme tatsächlich kostengünstig und praxistauglich sind.

4.2 Stallbau und Stalleinrichtung

Aufgabe des Stallgebäudes ist in erster Linie der Klimaschutz. Dazu zählt nicht nur der Schutz vor Niederschlägen, sondern auch vor Wind, Kälte und Hitze.

Damit Stallgebäude die gewünschten positiven Auswirkungen auf Gesundheit und Leistungsniveau der Tiere ausüben können, muß die Bauausführung des Stalles folgenden Anforderungen entsprechen:

1. Gute Wärmedämmung
2. Verhinderung von Kondenswasserniederschlag
3. Hohe Haltbarkeit der Stallhülle gegen Einflüsse (Gase, Feuchtigkeit) aus der Stalluft und der Witterung.

4.2.1 Wände und Decken

Aus den Anforderungen an die Bauausführung ergibt sich für die Konstruktion von Wänden (Abb. 23) und Decken, daß sie auf der Innenseite eine wasserabweisende, dampfsperrende Schicht tragen müssen, die ein Eindringen der Stallfeuchtigkeit in die Bausubstanz verhindert. Nach außen hin sorgt eine Wärmedämmungsschicht für die Senkung der Wärmeverluste. Sie muß durch geeignete Maßnahmen z. B. Verschalung mit Asbestzementplatten gegen Verwitterungsschäden geschützt werden. Gleichzeitig muß gewährleistet sein, daß eventuell in die Bausubstanz eingedrungene Feuchtigkeit nach außen hin wieder abgegeben werden kann (Hinterlüftung). Sog. „Kältebrücken", wie sie bei durchgehenden massiven Stützen, Fenstern, o. ä. auftreten können, müssen vermieden werden, da sie dazu führen, daß auf der Innenseite durch Kondenswasser und auf der Außenseite durch Frost Schäden entstehen. Grundsätzlich soll der Aufbau von Stallwänden immer so gewählt werden, daß an der Stallinnenseite die Schicht mit
- der geringsten Dampfdurchlässigkeit und
- den schlechtesten Wärmedämmungseigenschaften

eingeplant wird.

Damit die Bauteiloberflächen tauwasserfrei bleiben, müssen Wände und Decken ausreichende Wärmedurchgangszahlen (k-Werte) aufweisen. Der k-Wert gibt an, wieviel Wärme (kcal) pro m^2 und Stunde durch die betreffende Bausubstanz hindurchgeht. Für Stallwände werden k-Werte von etwa 0,6, für Decken solche von 0,4 gefordert.

Schweineställe werden entweder in Mauerbauweise erstellt oder als Fertigställe aus einzelnen Bauelementen zusammengefügt. Als Baumaterial für aus Mauern erstellte Wände eignen sich großformatige Ziegel-, Leichtbau- oder Gasbetonsteine. Im Fertigbau werden Wand- und Deckenelemente aus leichten Baustoffen in eine Stützenkonstruktion eingefügt.

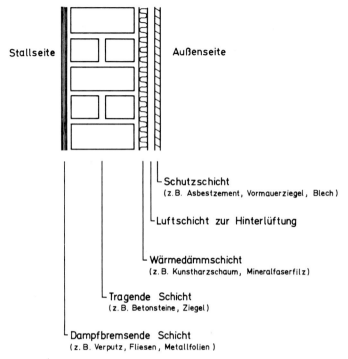

Abb. 23 Stallwand (mehrschichtiger Aufbau)

4.2.2 Boden

Der Stallboden muß in gleicher Weise den Anforderungen, die bereits an Wand und Decke gestellt wurden, entsprechen. Zusätzlich ist bei der Gestaltung des Stallbodens zu beachten, daß dieser Bauteil durch den dauernden Kontakt in hohem Ausmaß für das Wohlbefinden der Tiere ausschlaggebend ist. Von einem guten Boden wird erwartet, daß er trittfest, rutschsicher, griffig, abriebfest, leicht zu reinigen, gut wärmegedämmt, wasser- und urinundurchlässig, säurebeständig und lange haltbar ist. Die Oberflächenstruktur muß außerdem so gestaltet sein, daß für die Tiere keine Verletzungsgefahr besteht.

Gußasphaltböden und Estriche erfüllen diese Anforderungen in vollem Umfang. Von großer Bedeutung ist, daß bei der Erstellung des Stallbodens exakt nach den Vorschriften vorgegangen wird bzw. die Ausführung nur im Stallbau erfahrenen Firmen übertragen wird. Der Unterbau – 15 cm Kiesschüttung auf dem gewachsenen Boden und 10 cm Tragschicht aus Beton – ist bei beiden Verfahren gleich (Abb. 24).

Zur Verbesserung der Wärmedämmung kann beim Gußasphalt der Einbau einer Dämmplatte (5 cm) erfolgen. Beim Zweischichtenestrich liegt der Estrich auf einem Zementmörtelbett in einer Dämmschicht.

Die bei der strohlosen Aufstallung eingesetzten durchbrochenen Böden müssen hinsichtlich ihrer Oberflächenbeschaffenheit natürlich ebenfalls den genannten Kriterien entsprechen (keine Grate und scharfe Kanten).

Stallbau und Stalleinrichtung 61

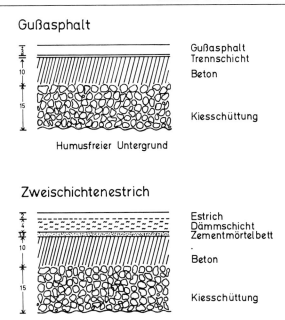

Abb. 24 Aufbau des Stallbodens

Als Materialien kommen heute Stahlbetonelemente, Gußstahl oder Edelmetalle und Kunststoffe in Frage. Je nach Ausführung spricht man von Spaltenboden, Rostboden oder Lochboden. Das System der Verlegung einzelner Stahlbetonbalken ist mittlerweile abgelöst worden. Neuerdings baut man meist Stahlbetonflächenelemente ein, weil diese exakte Spaltenabstände garantieren und absolut kippsicher verlegt werden können.

Die neuen Kunststoffroste und kunststoffummantelten Metallroste sind sehr tierfreundlich und finden insbesondere in der Ferkelaufstallung immer mehr Eingang.

4.2.3 Buchten

Buchtenpfosten und Buchtentrennwände bestehen häufig aus Stahl. Holz hat als Baustoff und Einrichtungsmaterial im Innenbereich von Schweineställen stark an Bedeutung verloren. Es genügt wegen seiner schlechten Reinigungs- und Desinfektionseignung den gestiegenen hygienischen Anforderungen nur unzureichend und hält den starken Beanspruchungen durch die Tiere nicht ausreichend stand. Als dichte Buchtenabgrenzungen eignen sich auch Stahlbleche.

Gitterartige Trennwände werden aus feuerverzinkten Rohren oder Profilblechen gefertigt.

Buchtentüren sollen vorzugsweise in den Ecken der Buchten (Ausnahme Abferkelbuchten) angebracht sein, um den Umtrieb der Tiere zu erleichtern. Das wichtigste an den Buchtentüren ist ein sicherer Verschluß. Die Verschlüsse müssen einerseits vom Betreuer leicht und auch mit einer Hand problemlos zu öffnen sein, aber andererseits müssen sie die Türen ausbruchsicher verriegeln; Schweine sind beim Öffnen von Türriegeln oder Zerstören irgendwelcher beweglicher Teile im Buchtenbereich sehr erfinderisch und ausdauernd.

4.2.4 Futtertröge

Bevorzugte Materialien für die Herstellung von Futtertrögen sind Steinzeug mit glasierter Oberfläche, verzinktes Blech, Edelstahl oder Kunststoffbeton. Ein Futtertrog muß wasserdicht, säurebeständig, verbißfest, leicht zu reinigen und haltbar sein. An Trogschalen verwendet man im Schweinestallbau entweder halbrunde oder breite U-förmige Schalen. Breite, Länge und Tiefe der eingebauten Tröge wird in Abhängigkeit von der Art und Menge der einzustallenden Tiere bestimmt.

Bei Mastschweinen verzichtet man bei den Verfahren der Bodenfütterung ganz auf Tröge. Das Futter wird über Abwurfschächte direkt auf dem planbefestigten Boden in der Buchtenmitte plaziert. Neben der Einsparung der Kosten für die Tröge ist die bessere Ausnutzung des Stallraumes ein Argument für die Bodenfütterung. Die Bodenfütterung hat, vor allem wegen der auftretenden Futterverluste, nur eine geringe Bedeutung.

Bei den üblichen Aufstallungsformen in Mastschweineställen wird das Futter entweder im Längstrog (entlang des Futterganges), im Quertrog (zwischen zwei benachbarten Buchten) oder im Rundtrog (in der Buchtenmitte) angeboten. Bei der Automatenfütterung wird für bis zu 4 Schweine ein Freßplatz eingeplant.

4.2.5 Tränkeeinrichtungen

Die Wasserversorgung der Tiere erfolgt heutzutage vor allem durch Selbsttränken. Den Tieren steht dadurch jederzeit frisches, sauberes Wasser in ausreichender Menge zur Verfügung. Grundsätzlich unterscheidet man zwischen Becken- und Zapfentränken (Abb. 25). Beckentränken (nach oben offen oder

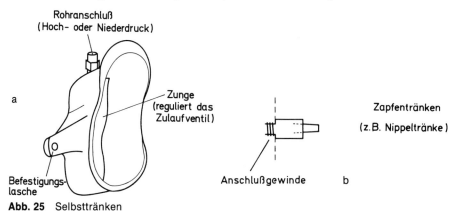

Abb. 25 Selbsttränken

überbaut) gibt es als Zungenventil- oder Schwimmertränken, Zapfentränken werden als Beiß-, Nippel-, Stoßzapfen- oder Druckplattentränken gebaut.

Zur Beurteilung der Tränken sind das Ausmaß der Wasservergeudung und der hygienischen Eigenschaften, bzw. der benötigte Reinigungsaufwand zur Sauberhaltung der Tränken, maßgebend. Vor allem Beckentränken haben den Nachteil, daß sie leicht verschmutzen und deshalb häufig gereinigt werden müssen. Alle Selbsttränken sind regelmäßig auf ihre Funktionsfähigkeit zu überprüfen und instand zu halten.

4.3 Fütterungstechnik

Bei der Planung der Fütterungstechnik für Schweineställe muß vorab bereits klar sein, welche Fütterungsverfahren und -methoden zum Einsatz kommen.
Man unterscheidet zwischen
- Alleinfütterung (Kraftfutter) und
- kombinierter Fütterung (Kraftfutter und Grundfutter).

Das Futter kann den Schweinen als Trockenfutter, angefeuchtetes Trockenfutter oder Flüssigfutter (2,5 bis 3 l Wasser pro kg Futter) vorgelegt werden.

4.3.1 Futterlagerung und -zubereitung

Das Futterlager des Betriebes soll der Futterkammer, bzw. einer eventuell vorhandenen Mahl- und Mischanlage sinnvoll zugeordnet sein. Lose geliefertes, trockenes und schüttfähiges Futter lagert man in Silos. Neben festen Silos haben sich auch PVC-Kunststoffsäcke, die in einer Holzkonstruktion aufgehängt sind, als Futtersilos in der Praxis bewährt.

Der Einkauf von lose gelieferten Futtermitteln ist in größeren Betrieben die Regel, da der Arbeitsablauf leichter mechanisiert werden kann und lose geliefertes Mischfutter billiger ist.

Abgesacktes Futter bietet sich dagegen für kleinere Betriebseinheiten an, insbesondere dann, wenn es sich um kombinierte Betriebe handelt, die gleichzeitig mehrere verschiedene Futtermischungen benötigen.

Aus den Silos, die von Tankzügen aus oder von der betriebseigenen Mischanlage her befüllt werden, kann das Futter ohne Handarbeit weiterbefördert werden. Entweder wird es mit Schnecken oder Gebläse direkt in den Trog, den Stallautomaten oder den Futterwagen zur Handverteilung gefördert, oder bei der Flüssigfütterung direkt in die Mischanlage.

Auch die Arbeitskette bei Feuchtgetreide oder Silage kann mechanisiert werden. In den letzten Jahren findet immer mehr Corn-Cob-Mix (CCM) und Lieschkolbenschrot (LKS) Eingang in die Schweinefütterung, weil die Silierung wesentlich billiger als die Trocknung ist. Siliert man in Hochsilos, so kann die Futterkette über Entnahmefräse, Flüssigfuttermischanlage und Rohrverteilungssystem im Stall automatisiert werden.

Steht einem Betriebsleiter wirtschaftseigenes Getreide zur Verfügung, so muß er entscheiden, ob er dieses Getreide im Betrieb verfüttert, oder ob er es verkauft und Futtergetreide zukauft. Bei diesen Überlegungen darf er sich allerdings nicht allein vom Preisunterschied leiten lassen – der erheblich sein kann, wenn im Betrieb Qualitätsgetreide geerntet wird – sondern muß auch mit einbeziehen, daß zu den Nutzungskosten für das eigene Getreide die Kosten für die Erstellung der Futtermischung hinzukommen (Lagerkosten, Schwund, Kapitalbedarf).

4.3.2 Futterzuteilung

Die einfachste Form der Kraftfutterzuteilung ist die Fütterung von Hand mit Schaufel und Futterwagen. Der Futterwagen ist mit einem unterteilten Muldenbehälter ausgestattet, mit der Schaufel wird dosiert.

Die folgenden Faktoren sprechen für halb- und vollmechanische Fütterungsanlagen:

1. Arbeitserleichterung und Einsparung von Arbeitskräften
2. Gleichzeitige Fütterung aller Tiere im Stall
3. Der Betreuer wird von den exakt einzuhaltenden Fütterungsterminen befreit. Die Tiere können trotzdem mehrmals pro Tag pünktlich gefüttert werden.

Nachteilig sind der hohe Kapitalbedarf für Anschaffung und Betrieb sowie die mögliche Störanfälligkeit der technischen Anlagen. Bei der mechanischen Fütterung werden Trocken- oder Flüssigfütterung unterschieden.

Die Trockenfütterung besteht entweder aus mobilen Futterverteilwagen oder stationären Fütterungsanlagen. Der Futterverteilwagen, der breitere Futtergänge benötigt, kann elektrisch angetrieben werden und ist mit dosierbarem Schneckenauswurf ausgestattet. Er eignet sich außer zur direkten Trogbefüllung auch zur Beschickung von Futterautomaten in den Buchten. Einen totalen Verzicht auf die menschliche Handarbeit erlauben nur vollautomatische Fütterungsanlagen. Selbstverständlich muß der Betreuer unbedingt die nötigen Kontrollaufgaben wahrnehmen.

Das Futter wird in den stationären Anlagen mit Rohrketten- oder Drahtwendelförderern transportiert. Bei rationierter Fütterung muß sich über jedem Trog ein Zuteilgerät mit Vorratsbehälter befinden, das eine Futterration aufnehmen kann. Die gefüllten Behälter werden zur gewünschten Fütterungszeit alle gleichzeitig entleert. Dadurch läßt sich die Unruhe im Stall während der Fütterungszeiten vermeiden. Die Dosierung der Futtermengen erfolgt entweder nach Gewicht oder Volumen.

Bei der Flüssigfütterung wird aus feuchten Futtermitteln – CCM, LKS, Molke, Treber etc. –, Ergänzungsfutter und Wasser in einem Bottich eine pumpfähige Futtermischung angerührt. Die technische Anlage umfaßt die Futter- und Wasserzuführung, eine zentrale Misch- und Pumpstation, den Transport über Rohrleitungen in den Stall und die Ventile und Dosiereinrichtungen für die Tröge. Schweine nehmen das flüssige Futter gern und schnell auf. Der Staubanteil in der Stalluft wird gesenkt und die Futterverwertung und Schlachtkörperqualität werden nicht negativ beeinflußt.

Die Technisierung der Fütterung bei den Zuchtsauen ist längst noch nicht so weit fortgeschritten wie bei den Mastschweinen. Selbst in Betrieben mit 100 Sauen kann die Fütterung von Hand mit Dosierschaufel und Futterwagen noch wirtschaftlich sein. Dies liegt an der Vielzahl der verschieden zu fütternden Tiere, da die Sauen je nach Leistungsstadien unterschiedliche Arten und Mengen von Mischfuttermitteln erhalten.

Zur Mechanisierung der Fütterung werden in großen Betrieben Futterautomaten eingebaut, mit denen die Sauen rationiert gefüttert werden können. Die Zuteilung erfolgt dabei nach Zeituhr ein- oder mehrmals pro Tag. Die mögliche Arbeitseinsparung ist relativ gering, vor allem deswegen, weil bei der Fütterung von Hand gleichzeitig ein anderer Arbeitsgang, nämlich die Kontrolle der Tiere durchgeführt wird, die bei der automatischen Fütterung in einem extra Arbeitsgang erledigt werden muß und dadurch einen zusätzlichen Zeitaufwand verursacht.

4.4 Entmistungssysteme

Die Förderung von Kot und Harn aus dem Stall und die Ausbringung des Dungs gehörte früher zu den aufwendigsten Arbeiten in der Schweinehaltung. Es ist deshalb nicht verwunderlich, daß gerade auf diesem Sektor große Anstrengungen gemacht wurden, durch Mechanisierung Erleichterungen im Arbeitsablauf zu schaffen. Ob die gefundenen Lösungen den Erfordernissen einer artgerechten Haltung noch entsprechen, hängt oft in großem Umfang von der exakten Ausführung der baulichen Einrichtungen ab. Damit moderne Entmistungssysteme tatsächlich auch funktionieren, ist es notwendig, bereits in der Planungsphase geschlossene Arbeitsketten zu konzipieren.

Prinzipiell unterscheidet man zwei Verfahren:
- Festmist mit Einstreumengen von mehr als 1,5 kg pro Großvieheinheit und
- Flüssigmist ohne Einstreu, bzw. höchstens in Mengen von bis zu 0,5 kg pro Großvieheinheit.

Übergangsformen sind möglich.

4.4.1 Festmistverfahren

Festmistverfahren sind sehr tierfreundlich und führen im Hinblick auf die Düngung der Nutzflächen und die Umweltbelastung zu geringeren Problemen als die Flüssigmistverfahren. Andererseits erfordert die Verwendung von Einstreu mehr Arbeitsaufwand.

Festmist fällt bei Tieflaufstall, Dänischer Aufstallung, Anbindehaltung, Kastenstandhaltung und eingestreuten Abferkelbuchten an.

Bei Festmist wird fast immer der Harn gesondert abgeleitet, um Einstreu zu sparen. Als Einstreu wird hauptsächlich Stroh verwendet. Stroh ist ein sehr gutes Trocknungs- und Wärmeisoliermittel und erlaubt damit auch in baulich nicht optimalen Ställen noch eine klimagerechte Schweinehaltung. Hier hat das Festmistverfahren seine große Bedeutung. Vor allem in umgebauten Altgebäuden und älteren Schweinestallungen wird meist mit Stroh eingestreut.

Die Art der einzusetzenden Entmistungsgeräte wird bestimmt durch die Konsistenz des Mistes, die Ausbildung und Bodenfreiheit der zu entmistenden Fläche, die jeweils zu entfernende Mistmenge und die Art des Transportes zur Lagerstätte.

Die verschiedenen Mechanisierungsgrade sind:
1. Entmistung in Handarbeit mit Gabel, Schaufel und Mistkarre
2. Einsatz von mobilen Geräten
3. stationäre halbmechanische Verfahren
4. stationäre vollmechanische Anlagen.

Nachfolgend sollen die Möglichkeiten der einzelnen Mechanisierungsgrade dargestellt werden.

Mobile Geräte

Meist handelt es sich dabei um Schlepper mit angebauten gabel- oder schaufelförmigen Hecklader. Es gibt aber auch Spezialfahrzeuge, die nur zum Entmisten verwendet werden (Radlader). Zur Reinigung befestigter Ausläufe werden Schiebe- oder Planierschilder am Schlepper eingesetzt.

Mobile Geräte können in Tiefställen (Abb. 31), bei Einzel- oder Gruppenhaltung tragender Sauen und bei der Dänischen Aufstallung eingesetzt werden. Meist kombiniert man diese Formen jedoch mit halbmechanischen Entmistungsverfahren.

Stationäre, halbmechanische Entmistungsverfahren

Diese Geräte werden von einem Zugseil gezogen, das beim Arbeitsgang von einem Elektromotor aufgespult wird. Die Schaltung und eventuell auch die Führung erfolgen von Hand. Läuft die Seilzugentmistung unterflur, d. h. unter dem durchbrochenen Boden, so muß die Führung automatisch erfolgen. Primär eignen sich Mistschieber vor allem für gerade Arbeitsachsen. Durch Umlenkrollen können aber auch Richtungsänderungen vorgenommen werden. Der Mist kann im Freien mittels direkt angeschlossenem Höhenförderer gestapelt werden.

Stationäre, vollmechanische Entmistungsverfahren

Faltschieberanlagen und Schubstangenentmistungen können in allen Zuchtsauenställen und Ställen mit Dänischer Aufstallung installiert werden. Unter Faltschieber versteht man Entmistungsgeräte, die beim Arbeitshub auseinander- und beim Leerhub zusammengeklappt geführt werden (Abb. 26). Gezogen wird der Faltschieber von einer in einer Rinne versenkten Kette (selten einem Drahtseil). Die Arbeitsbreite der etwa 10 cm hohen Räumflügel liegt zwischen 1 und 3 m. Faltschieber werden auch unter den Spalten von Teilspaltenböden installiert.

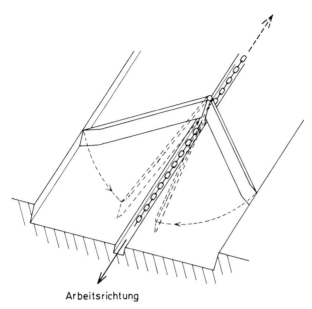

Abb. 26 Faltschieber

Falt- oder Klappschieber sind für Festmist wegen ihrer geringen Arbeitsleistung nur bedingt geeignet. Auch ist die Reinigungswirkung bei Festmist zu gering. Der verbleibende Schmierfilm birgt Rutschgefahr für Betreuer und Tiere in sich und belastet das Stallklima.

Bei der Schubstangenentmistung sind an die seitlich oder mitten im Kotgang angebrachte Schubstange Pendelschieber ein- oder zweiseitig mit Gelenken angebaut. Beim Arbeitshub sind die Schieber aufgeklappt und fördern den Mist etwa 2 m weiter. Der anschließende Leerhub führt die eingeklappten Schieber wieder in die Ausgangsstellung zurück, d. h. die Schubstange bewegt sich immer nur etwa 2 m vor und zurück, der Mist wird dabei abschnittweise aus dem Stall befördert.

Schubstangensysteme haben gute Förderleistungen und vertragen auch große Mengen an Einstreu ohne ihre Funktionstüchtigkeit einzubüßen. Der aus dem Stall beförderte Mist wird je nach Konsistenz entweder mit einem Hochförderer gestapelt oder – bei geringen Einstreumengen – in einer Grube gelagert.

Lagerung von Festmist

Je Schweine-Großvieheinheit fallen pro Monat etwa 1 m^3 Festmist und 0,5 m^3 Jauche an. Berücksichtigt man zusätzlich noch die Mindestdauer der Lagerzeit (4 Monate), so kann man (Sicherheitszuschläge einplanen!) die Größe der benötigten Dunglagerstätten errechnen.

Es empfiehlt sich, alle Flächen im Innen- und Außenbereich, die mit Mist oder Gülle in Kontakt kommen, zu befestigen. Da i. allg. die Auflage besteht, den Untergrund wasserdicht zu gestalten (siehe Umweltschutz unter 7.3), werden diese Flächen betoniert.

4.4.2 Flüssigmistverfahren

Das Hauptcharakteristikum von Flüssigmist – einem Gemisch aus Kot, Harn, Futter- oder Einstreuresten, Reinigungs- und Tropfwasser – ist seine Fließ- und Pumpfähigkeit. Mehr und mehr verdrängen die Flüssigmistverfahren den Festmist aus den modernen Schweineställungen.

Die strohlose Haltung hat sich mittlerweile durchgesetzt. Die Gründe dafür sind:

1. Je Tierplatz werden weniger Arbeitskraftstunden benötigt, die terminliche Gebundenheit der Arbeit wird reduziert und der Anteil der Schmutzarbeit im Schweinestall ist geringer.
2. Strohlose Ställe gewährleisten bei fachgerechtem Erstellen und Betrieb annähernd gleiche Leistungen wie eingestreute Ställe, ohne mehr Investitionskosten zu beanspruchen.

Flüssigmist entsteht dadurch, daß die Tiere auf perforierten Buchtenböden gehalten werden und keine oder nur geringe Mengen kurzgehäckselter Einstreu erhalten. Bereits beim Absetzen von Kot und Harn gelangt ein Teil durch die Spalten oder Löcher im Boden in die darunterliegenden Kanäle. Die Kotanteile, die nicht sofort durchfallen, werden von den Tieren bei der Bewegung in der Bucht durch die Spalten gedrückt. Da dies in allen Verfahren ein sehr wichtiger Beitrag zur Funktionstüchtigkeit dieser Aufstallungen ist, muß die Belegdichte der Buchten stimmen. Sind zu wenig Schweine in der Bucht, so wird der Kot nicht durch die Spalten getreten und die Tiere verschmutzen stark. Bei einer zu großen Zahl an Schweinen pro Bucht steigt die Verletzungsgefahr.

Man unterscheidet Fließmist-, Anstau- und Speicherverfahren. Der Flüssigmist wird entweder kontinuierlich (Fließmistverfahren) oder periodisch entfernt. Alle Kanäle, Gruben, Schächte etc., in denen Flüssigmist gelagert oder geleitet wird, müssen absolut wasserundurchlässig sein, schwachen chemischen Einflüssen widerstehen und glatte Oberflächen haben. Um diese Eigenschaften zu gewährleisten, errichtet man sie in Stahlbeton- oder Schalungssteinbauweise und versieht sie mit Zementmörtelputz, Estrich und bituminösem Anstrich.

Fließmistverfahren

Das Fließmistverfahren, auch als Treibmistverfahren bezeichnet, ist am weitesten verbreitet. Der Mist fließt aus den Kanälen ohne weiteren Wasserzusatz kontinuierlich ab. Man erreicht dies durch eine etwa 15 cm hohe keilförmige Stauschwelle, die sich am Ende des ohne Gefälle errichteten Kanals befindet und den Flüssigmist aufstaut (Abb. 27). Je nach Konsistenz baut sich zum anderen Ende des Kanals hin ein Stauanstieg des Flüssigmiststapels auf (Höhe

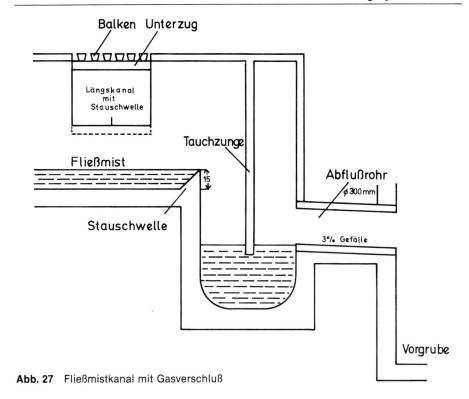

Abb. 27 Fließmistkanal mit Gasverschluß

bis zu 3% der Länge des Kanals). Richtungsänderungen sind durch Querkanäle möglich. Dabei muß der Höhenunterschied so groß sein, daß der aus dem Längskanal in den Querkanal fließende Mist an der Stauschwelle abreißt. Die Kanalbreite kann ohne Funktionsstörung von 80 bis 300 cm schwanken. Eine Kanaltiefe von mindestens 60 cm und eine Länge des Kanales von bis zu 30 m ist, wie praktische Erfahrungen zeigen, betriebssicher.

Um ein Einströmen von Schadgasen aus der Dunggrube in den Stall zu verhindern, wird ein Geruchsverschluß (Siphon) eingebaut. Das Kot-Harn-Gemisch fällt in einen etwa 1 m tiefen Schacht, der von einer Tauchzunge im luftgefüllten Teil in zwei Kammern getrennt wird (Abb. 27).

Mit Hilfe von Spülleitungen kann bei Störungen im Fließmistsystem (Verlust der Fließfähigkeit des Mistes durch Eindickung oder Anschoppung) die Funktionstüchtigkeit wieder hergestellt werden.

Stau-Schwemmverfahren

Bei dem Anstauverfahren befinden sich in dem Kanal, der tiefer als der Fließmistkanal ist, anstelle der Stauschwellen sog. Schieber, die dicht abschließen müssen. Die Schieber müssen korrosionsbeständig, stabil, dauerhaft dicht und leichtgängig sein. Erst wenn der Kanal bis ca. 30 cm unter der Stallbodenoberfläche gefüllt ist, werden die Verschlußeinrichtungen geöffnet und der

Flüssigmist aus dem Kanal in die Grube geschwemmt. Dazu muß der Kanal – im Gegensatz zum Kanal beim Treibmistverfahren – ein Gefälle von ca. 0,5% haben; stärkeres Gefälle birgt die Gefahr der Entmischung des Kot-Harn-Gemisches und damit einer unzureichenden Entleerung des Kanales in sich. Über einen Querkanal kann man parallel verlaufende Längskanäle zusammenfassen.

Stau-Schwemmverfahren sollten auf alle Fälle mit Spülleitungen ausgestattet sein, damit bei Störungen Abhilfe möglich ist. Prinzipiell können diese Kanäle auch vollständig entleert werden, wenn dies aus hygienischen Gründen erforderlich sein sollte (z. B. im Flatdeckstall). Insgesamt gesehen ist der Wasserverbrauch aber beim Anstauverfahren relativ hoch. Deshalb muß bei der Planung der Güllegrube ein Sicherheitszuschlag von etwa 20% für Schwemm- und Spülwasser berücksichtigt werden.

Speicherverfahren

Die dritte Möglichkeit, nämlich die Dauerlagerung der während eines Tierdurchganges angefallenen Dungmenge direkt unter dem Stall, ist zwar kostengünstiger, aber nicht unproblematisch. Die Gruben müssen in Mastställen 1,5 bis 2 m tief sein. Bei Neubesatz des Stalles mit Ferkeln und leerer Grube können bei ungünstiger Witterung große stallklimatische Probleme auftreten. Ställe mit Speicherverfahren findet man vor allem in Norddeutschland und in Ländern mit maritimen Klima. Das Aufrühren und die Entfernung der Gülle dürfen nur bei geräumtem Stall erfolgen (lebensgefährliche Mengen an Schadgasen können freiwerden).

Lagerung von Flüssigmist

Im Schnitt fallen je Schweine-Großvieheinheit und Monat etwa 1,5 m^3 Gülle an. Für eine Lagerungsdauer von 6 Monaten muß Platz sein. Die Gülle kann in Tief- (Gruben) oder Hochbehältern gelagert werden.

Tiefbehälter können nach oben offen sein (Schutzzaun) oder mit (befahrbaren) Decken verschlossen werden. Durchmesser des Behälters und Leistung von Hubgeräten und Pumpen müssen aufeinander abgestimmt werden. Die Pumpe steht in einem Pumpensumpf, einer Vertiefung von mindestens 25 cm im Boden. Günstig für eine vollständige Entleerung der Grube ist, wenn der Boden zum Pumpensumpf hin ein geringes Gefälle aufweist. Offene Gruben erhalten zum Einsetzen der Pumpe eine Segmentdecke (d. h. die Grube ist nur zu einem Teil überdeckt, der Rest der Grube ist offen).

Hochbehälter müssen mit einer Vorgrube kombiniert sein. In dieser Vorgrube wird die Gülle bis zu 20 Tage gelagert und dann in den Hochbehälter gepumpt. Zum Ausbringen wird die Gülle homogenisiert. Dazu füllt man die Vorgrube durch eine Rücklaufleitung immer wieder aus dem Hochbehälter, um sie dann wieder durch Umpumpen in den Hochbehälter zu entleeren (Abb. 28).

Hochbehälter werden aus Stahlbeton, Holz und Stahl errichtet, dichte Fundamente sind unerläßlich. Vor dem Bau muß eine behördliche Sondergenehmigung eingeholt werden.

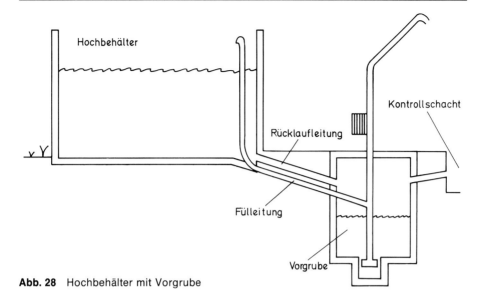

Abb. 28 Hochbehälter mit Vorgrube

4.5 Haltungsverfahren

Die möglichen Haltungsverfahren in der Schweineproduktion werden im Rahmen der Grundlagen nur kurz angesprochen. Abb. 29 gibt einen Überblick der möglichen Kombinationen. An Hand dieser Aufstellung kann man einen Schweinestall relativ schnell hinsichtlich des Haltungsverfahrens charakterisieren.

4.5.1 Zuchtschweine

Die Aufteilung in einzelne Haltungsabschnitte – Deckzentrum, Stall für tragende Sauen und Abferkelstall – hat sich mittlerweile in größeren Betrieben weitgehend durchgesetzt. Im Deckzentrum werden Sauen in Freßliegeboxen, Kastenständen oder Anbindehaltung neben den Ebern aufgestallt.

Tragende Sauen werden entweder einzeln in Kastenständen oder in Anbindehaltung aufgestallt oder andererseits gruppenweise in Universalbuchten, in Buchten mit Einzelfreßständen und Laufraum oder in Buchten mit Freß-Liegeboxen und Teilspaltenboden.

Einige Tage vor der zu erwartenden Geburt kommen die graviden Sauen in den Abferkelstall. Die älteren Aufstallungsformen für abferkelnde Sauen – große, eingestreute Einraumbuchten – sind wegen des hohen Arbeitsaufwandes und der größeren Gefahr der Ferkelverluste nur noch selten anzutreffen. Alle neuen Stallformen zur Haltung ferkelführender Sauen beruhen letztendlich auf dem gleichen Prinzip, nämlich der Fixierung der Sau. Damit wird eine Verminderung der Ferkelverluste durch Erdrücken erreicht. Man unterscheidet:

72 Grundlagen der Haltung

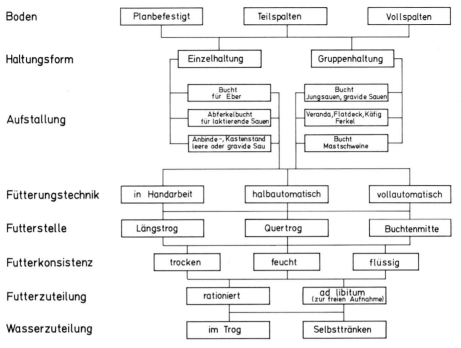

Abb. 29 Varianten der Haltungstechniken in Schweineställen

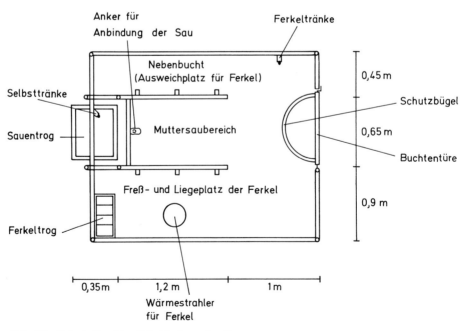

Abb. 30 Abferkelbucht mit Anbindung der Sau

- Abferkelbuchten mit Sauenkäfig ohne Trog (Friedländer-System)
- Abferkelbuchten mit Sauenkäfig und mit Trog
- Abferkelbuchten mit hochklappbarem Bügel
- Abferkelbuchten mit Anbindung der Sau (Abb. 30).

Im Abferkelstall ist das Einstreuen mit Stroh noch sehr verbreitet. In größeren Betrieben haben aber Teil- oder Ganzrostböden die älteren Verfahren bereits weitgehend verdrängt.

4.5.2 Ferkel

Die einfachste Haltungsalternative für Ferkel ist der Verbleib der Ferkel in der Abferkelbucht, d. h. die Sau wird von den Ferkeln abgesetzt. Eine billige aber arbeitsaufwendige Form, die Haltung in eingestreuten Buchten mit planbefestigtem Boden, wird vor allem noch in kleineren Betrieben praktiziert. Eine Weiterentwicklung ist die Haltung in Teilspaltenbodenbuchten ohne und mit Ferkelveranda (geschlossene Kiste als Schlafraum der Ferkel).
Die neueren Formen der Ferkelaufstallung sind
- Flatdeck (einstöckige, oben offene Ferkelkäfige mit Gitterrostböden) oder
- Batterieanlagen (bis zu 3stöckige geschlossene Gitterkäfige mit Rostböden).

Diese Verfahren erfordern zwar einen geringen Arbeitsaufwand, sind aber sehr kapitalintensiv und mitunter kommt es bei nicht optimalen Haltungsbedingungen zu gesundheitlichen Problemen.

4.5.3 Mastschweine

Bei den Haltungsverfahren für Mastschweine wird unterschieden zwischen
- Tiefstall
- Dänischer Aufstallung
- Teilspaltenboden
- Vollspaltenboden.

Tiefställe (Abb. 31) sind eine Aufstallungsform, bei der die Tiere auf einem mitwachsenden Miststapel gehalten werden. Man entmistet den Tiefstall am

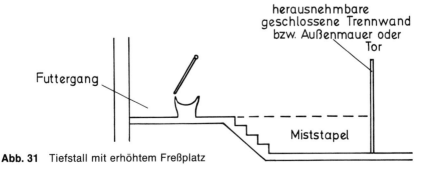

Abb. 31 Tiefstall mit erhöhtem Freßplatz

Grundlagen der Haltung

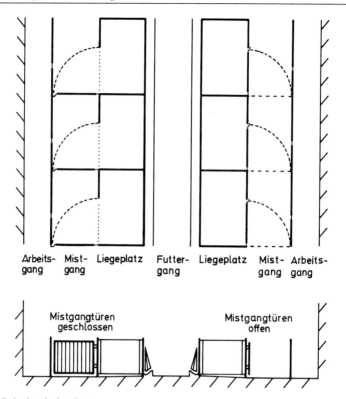

Abb. 32 Dänische Aufstallung

a) Bucht im Teilspaltenbodenstall

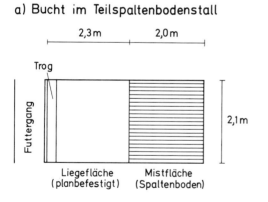

b) Bucht im Vollspaltenbodenstall

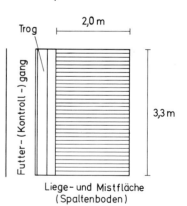

Abb. 33 Teil- und Vollspaltenbodenbuchten

besten mit dem Frontlader oder dem Mistgreifer. Da dazu die Tiere aus dem Stall entfernt werden müssen, eignet sich vor allem der Zeitpunkt des Umstallens zum Entmisten. Der Tiefstall soll durch große Tore und entfernbare Buchtentrennwände gut zugänglich sein.

Das Hauptkennzeichen der Dänischen Aufstallung (Abb. 32) ist die Aufteilung der Bucht in einen Freß- und Liegebereich und in einen durch Schwenktüren absperrbaren Mistgangbereich. Im Teilspaltenbodenstall sind bis zu 50% der Buchtenfläche Spaltenboden. Die Buchten sind mit Längstrog (entlang des Futterganges), Quertrog (zwischen zwei benachbarten Buchten) oder Rundtrog (in der Buchtenmitte) ausgestattet. In Vollspaltenbuchten weist annähernd die gesamte Buchtenfläche (mit Ausnahme eines schmalen Streifens am Trog) durchbrochenen Boden auf (Abb. 33).

5 Hygiene und Gesundheit in Schweinebeständen

Mit dem Trend zur Intensivtierhaltung und zur Bestandsvergrößerung haben sich auch die hygienischen Anforderungen und die Art und Weise tierärztlicher Tätigkeit stark gewandelt. So steht häufig nicht mehr das kranke Einzeltier und seine Behandlung im Mittelpunkt des Interesses. Vielmehr ist es die Hauptaufgabe der Beteiligten – Tierhalter und Tierarzt –, den Ausbruch einer Erkrankung oder die Verminderung des Leistungsvermögens durch gesundheitliche Störungen von vornherein zu vermeiden. Wie in vielen anderen Bereichen erzwingen auch hier die ökonomischen Gegebenheiten ein Umdenken. Ein Tierhalter kann nur mit einem gesunden Bestand das genetisch vorhandene Leistungsvermögen seines Tiermaterials voll ausschöpfen und rentabel produzieren. Der Verlust des einwandfreien Gesundheitsstatus ist besonders in größeren Beständen ein Risikofaktor. Deshalb wird versucht, die Bestände durch bestmögliche Haltungsbedingungen, leistungsgerechte Fütterung und gewissenhafte Betreuung gesund und konditionsstark zu erhalten. Wegen der großen Bedeutung des Produktionsfaktors Gesundheit reichen diese Maßnahmen allein jedoch nicht aus. Die Bestände werden zusätzlich tierärztlich überwacht, betreut und im Rahmen ausgefeilter Prophylaxeprogramme (Vorbeugung) geschützt (Abb. 34).

Auf der anderen Seite ist dem berechtigten Verlangen des Verbrauchers nach qualitativ hochwertigem und rückstandsfreiem Fleisch Rechnung zu tragen. Durch den gemeinsamen Willen der einzelnen Interessengruppen zur Zusam-

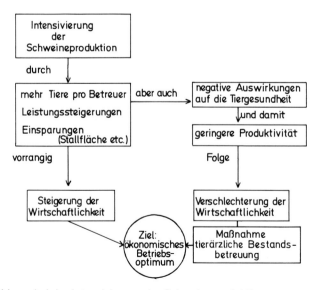

Abb. 34 Probleme bei der Intensivierung der Schweineproduktion

menarbeit dürfte weit eher ein Konsens herzustellen sein, als durch noch so weitreichende gesetzliche Regelungen.

5.1 Hygienemaßnahmen in Schweinebeständen

5.1.1 Bauliche Einrichtungen

Gute Hygienemaßnahmen beginnen bereits im Stadium der Projektierung und Planung von Produktionsstätten. So sollten bei der Standortwahl – soweit diese nicht durch die bestehende Situation bereits vorgegeben ist – auch bioklimatische und seuchenhygienische Gesichtspunkte berücksichtigt werden. In der Planung für die gesamte Produktionsanlage müssen auch Quarantänestall, Krankenstall oder ähnliches miteinbezogen werden. Für Tierverkehr und -transporte sind entsprechende Rampen und Anfahrtmöglichkeiten zu schaffen, die leicht gereinigt und desinfiziert werden können. In Zuchtschweinebetrieben muß die Möglichkeit bestehen, die Sauen zu waschen und dabei gegen Ektoparasiten zu behandeln.

5.1.2 Betriebssysteme

Bei den Betriebssystemen lassen sich 3 Typen unterscheiden:
1. Traditionelles System
2. Offenes System
3. Geschlossenes System

Durch ein geschlossenes System läßt sich das Seuchengeschehen in den Betrieben wesentlich leichter in Griff bekommen. Im Gegensatz zum offenen System, bei dem für jeden Betrieb mehrere Zulieferer in Frage kommen (Abb. 35a) sind im geschlossenen System entweder alle Teilbereiche in einem einzigen Betrieb zusammengefaßt, oder jeder Betrieb bezieht nur von einem einzigen Lieferbetrieb Tiere (Abb. 35b). Der Nachteil des offenen Systems, nämlich das Zusammentreffen von Erregern aus verschiedenen Betrieben beim Einstallen der Tiere wird beim geschlossenen System verhindert. Natürlich beeinflußt es die Geschlossenheit des Systems nicht, wenn etwa ein Ferkeler-

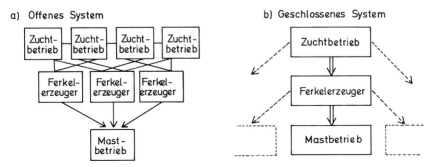

Abb. 35 Offenes und geschlossenes System

zeugerbetrieb an verschiedene Abnehmer Ferkel liefert, solange er sein Zuchtmaterial immer nur von einem Zuchtbetrieb bezieht. Entscheidend ist aber, daß alle Tiertransportwege absolute Einbahnstraßen sind, d. h. ein Tier, das einmal aus dem Betrieb heraus ist, darf unter keinen Umständen wieder zurück.

5.1.3 Reinigung und Desinfektion

Man kann unterscheiden zwischen allgemein vorbeugenden (prophylaktisch) und spezifischen Reinigungs- und Desinfektionsmaßnahmen. Spezifische Maßnahmen sind auf die Bekämpfung einzelner bestimmter Tierseuchen hin ausgerichtet und meist auch in gewissen Grenzen gesetzlich geregelt bzw. vorgeschrieben. Die prophylaktischen Hygienemaßnahmen lassen sich in zwei Gruppen einteilen:
1. Die Einschleppung von Erregern der klassischen Infektionskrankheiten zu verhindern bzw. deren Ausbreitung im Bestand zu unterbinden, und zwar durch stationäre Anlagen, wie Desinfektionsfußwannen, -durchfahrwannen, Personenschleusen bzw. durch das Anlegen betriebseigener Überschuhe und Schutzkleidung.
2. Die ubiquitär (überall vorkommenden) Erreger im Betrieb auszudünnen, um ihre Bedeutung im Rahmen von Faktorenkrankheiten zu reduzieren. Dies geschieht durch Reinigungs- und Desinfektionsmaßnahmen im Zuge des inneren Betriebsablaufes.

Ohne umfassende Reinigung ist keine wirksame Desinfektion möglich. Zusätzlich dient die Reinigung auch der Erhaltung der Funktionstüchtigkeit der Stalleinrichtungen, der Wahrung erträglicher Arbeitsbedingungen für den Betreuer und dem Wohlbefinden der aufgestallten Tiere. Anstelle der in kleinen Betrieben hauptsächlich verwendeten Kalt- oder Warmwasserdruckschläuche werden in größeren Betrieben Hochdruckreiniger eingesetzt.

Die Wirksamkeit der chemischen Desinfektion ist außer von der Gründlichkeit der vorausgegangenen Reinigung auch noch von einigen anderen Faktoren abhängig wie:
- Art des Desinfektionsmittels
- Konzentration, Einwirkungszeit, Temperatur
- Desinfektionsmittelmenge pro Flächeneinheit.

Wegen der Vielzahl der zu berücksichtigenden Faktoren empfiehlt es sich, für die Durchführung der einzelnen Maßnahmen bzw. zu deren Einfügung in den Produktionsablauf einen Desinfektionsplan zu erarbeiten. Dieser Plan erleichtert die Organisation der Arbeitsgänge und kann gleichzeitig ihrer Kontrolle dienen.

5.1.4 Entwesung

Entwesung ist die Bekämpfung und Vernichtung schädlicher Kleintiere, die entweder durch Übertragung von Krankheitserregern oder durch andere Schadwirkungen auf Futtervorräte, Bausubstanz und Einrichtungsgegenstände die

Sicherheit und Rentabilität der Produktion gefährden. In Schweinebetrieben richtet sich die Entwesung vorrangig gegen Ratten, Mäuse und Fliegen. Die Bekämpfung ist erfolgreicher, wenn mehrere Maßnahmen kombiniert angewendet werden. So sollte bei der Bekämpfung der Kleinnager neben der chemischen Methode des Giftauslegens (z. B. Cumarin, Zinkphosphide) auch an mechanische Schutzmechanismen gedacht werden (z. B. Gittersperren in Kanalisation und Kabelgräben, rattensichere Decken etc.).

5.1.5 Quarantäne, Krankenisolierung, Tierkörperbeseitigung und Kontrolle des Personen- und Fahrzeugverkehrs

Häufig werden Infektions- und Seuchenerreger mit zugekauften Schweinen oder durch betriebsfremde Personen in die Bestände eingeschleppt. Deshalb ist es günstig, wenn für neuzugekaufte Tiere ein Quarantänestall zur Verfügung steht, in dem die Neuzugänge 4 bis 6 Wochen lang aufgestallt werden können. Dieser Quarantänestall ist völlig getrennt vom übrigen Betrieb zu versorgen und streng nach dem Rein-Raus-Prinzip zu belegen. Um die Freiheit von bestimmten Krankheiten noch sicherer feststellen zu können, bringt man einige gesunde, betriebseigene Ferkel im Quarantänestall unter und beobachtet, ob sie erkranken.

Der Personenverkehr ist auf das notwendige Maß zu beschränken. Alle betriebsfremden Personen müssen Plastiküberschuhe und -mäntel, bzw. betriebseigene Arbeitskleidung anlegen und dürfen den Stall nur über Desinfektionswannen oder -schleusen betreten. Viehtransporter u. ä. sind über Durchfahrwannen mit Desinfektionsmitteln zu leiten und müssen, soweit sie Tiere in den Bestand bringen, vorher ausreichend gereinigt und desinfiziert worden sein.

Die Krankenisolierung verläuft bei größeren Anlagen – wegen der geringen Bedeutung des Einzeltieres im Verhältnis zum gesundheitlichen Risiko des Gesamtbestandes – meist in Richtung auf Merzung (Schlachtung oder Tötung) dieser Tiere und nicht auf eine Umstellung in den Krankenstall. In Zuchtbetrieben hingegen kann eine gesonderte Krankenaufstallung auch ökonomisch sinnvoll sein.

Verendete Tiere oder tot geborene Ferkel müssen unverzüglich aus dem Stall entfernt und an einem dafür bestimmten Platz am Rande der Anlage bis zur baldmöglichen Abholung durch ein Fahrzeug der Tierkörperbeseitigungsanstalt gelagert werden. Auch dieser Platz muß sorgfältig gereinigt und desinfiziert werden.

5.1.6 Futter- und Wasserhygiene

Futter und Wasser müssen frei sein von schweinepathogenen (krankmachenden) Erregern. Da Speiserückstände schon mehrmals zu Schweinepest- und Rotlaufausbrüchen geführt haben, dürfen gesammelte Speiseabfälle nur dann an Schweine verfüttert werden, wenn sie mindestens 10 Minuten lang auf 100°C erhitzt worden sind. Von der Fleischbeschau als genußuntauglich beanstandetes Schweinefleisch darf selbstverständlich nicht an Schweine verfüttert werden. Das Tränkewasser soll grundsätzlich Trinkwasserqualität haben.

5.2 Aufbau gesunder Schweinebestände

Ein Bestand wird i. allg. dann als gesund beurteilt, wenn während einer mehrjährigen Überwachung durch dafür bestimmte Kontrolleure (Schweinegesundheitsdienst) ein Freisein von Schnüffelkrankheit, Transmissibler Gastroenteritis (TGE), Coliruhr, Schweinedysenterie und Enzootischer Pneumonie festgestellt wird. Diese Betriebe erhalten als Herdbuch- oder Ferkelerzeugerbetriebe ein Gesundheitszeugnis.

Gesunde Schweinebestände sind in den täglichen Zunahmen und der Futterverwertung signifikant (sicher) besser, haben höhere Fruchtbarkeitsleistungen, verursachen weniger Kosten für tierärztliche Behandlung und Medikamente und weisen niedrigere Aufzuchtverluste und Ausfallquoten auf.

Bestände, die immer wieder mit oben genannten Erkrankungen Schwierigkeiten haben, sollten ihren Betrieb sanieren. Dazu eignen sich folgende Verfahren:
1. Zukauf von Tieren aus SPF-Beständen
2. Durchführung des SPF-Verfahrens mit Sauen aus dem eigenen Betrieb zur Erhaltung des Erbmaterials.
3. Übertragung von Embryonen aus betriebseigenen Spendersauen auf SPF-Empfänger
4. Zukauf von Tieren aus als gesund beurteilten Betrieben.

Bei allen Verfahren ist im Prinzip eine Schlachtung der gesamten Tiere des eigenen Bestandes unvermeidbar. Das Erbmaterial kann dabei, wie die Alternativen 2 und 3 zeigen, durchaus erhalten werden. Die freigewordenen Stallungen müssen gründlichst gereinigt und desinfiziert werden. Eine Ruheperiode von einigen Wochen ist günstig. Unbefestigte Ausläufe müssen, wenn nicht besser ganz darauf verzichtet wird, mindestens 3 Monate ungenützt bleiben. Bei der Neuaufstallung sollten nur Tiere aus einem einzigen Bestand eingekauft werden. Erreicht man damit die gewünschte Bestandsgröße nicht, so empfiehlt es sich, entweder in einer zweiten Etappe vom ursprünglichen Lieferbetrieb nachzukaufen oder den Bestand über die eigene Nachzucht aufzustocken. Ist sichergestellt, daß zwischen sanierten und unsanierten Teileinheiten des eigenen Betriebes keine Verbindung besteht, so kann die Sanierung auch in mehreren Teilschritten erfolgen (geringere wirtschaftliche Einbußen).

SPF-Tiere, also spezifisch pathogenfreie Tiere, sind frei von:
- Aujeszkyscher Krankheit (Pseudowut)
- Enzootischer Pneumonie (Ferkelgrippe)
- Rhinitis atrophicans (Schnüffelkrankheit)
- Transmissibler Gastroenteritis (virale Magen-Darmerkrankung)
- Schweinedysenterie (ansteckende Darmerkrankung)
- Leptospirose
- Räudemilben und Läusen.

Die Gewinnung von primären (unmittelbar als solche erstellten) SPF-Ferkeln muß ebenso wie die Aufzucht unter möglichst sterilen Bedingungen erfolgen. Man unterscheidet dabei vier Methoden:

1. Hysterektomie (= Schnittentbindung mit Entfernung des ganzen Uterus).
   Die Ferkel werden dabei 2 bis 3 Tage vor dem erwarteten Geburtstermin in einer Hysterektomiehaube entbunden. Der Schutz vor Übertragung pathogener Mikroorganismen (Bakterien, Pilze, Viren) auf die neugeborenen Tiere ist sehr groß.
2. Hysterotomie (= Kaiserschnitt)
   Das Verfahren ähnelt der Variante 1; die Sauen können jedoch weitergenutzt werden. Die Kontaminationsgefahr (Verunreinigung mit Mikroorganismen) für die Ferkel ist dabei größer als bei Variante 1.
3. Aseptische Geburt (= Geburt unter keimarmen Bedingungen)
   Die Ferkel werden auf natürlichem Weg geboren, wobei auf möglichst keimarme Geburtsbedingungen geachtet werden muß. Die Methode ist sehr arbeitsaufwendig und hinsichtlich der Erreichung des SPF-Status relativ unsicher.
4. Embryotransfer (= Übertragung von Embryonen auf andere Sauen)
   Mit Hilfe des Embryotransfers können von den Sauen des zu sanierenden Betriebes Embryonen gewonnen werden. Diese Embryonen überträgt man auf SPF-Empfänger-Sauen, die dann SPF-Ferkel gebären. Das Verfahren gilt als sehr zuverlässig, ist aber mit nicht unerheblichen Kosten verbunden. Als Empfänger für die Embryonen müssen SPF-Sauen zur Verfügung stehen.

Die mutterlose und kolostrumfreie Aufzucht der Ferkel aus den Verfahren 1 bis 3 im Aufzuchtlabor ist sehr arbeitsaufwendig und auch verlustreich (Todesfälle in den ersten 3 Lebenswochen). Trotzdem haben SPF-Sanierungen in den letzten Jahren größere Bedeutung erlangt (z. B. in Hybridprogrammen), weil nicht alle SPF-Tiere auf den geschilderten Wegen erzeugt werden müssen. Vielmehr können von SPF-Tieren im sog. Primärbestand SPF-Ferkel mit normalen Geburts- und Aufzuchtverfahren gewonnen werden, die dann an andere Betriebe zur Sanierung weitergegeben werden können (Sekundär- und Tertiärbestände). Alle den SPF-Status betreffenden Voraussetzungen für den Betrieb, die gesundheitliche Überwachung und die Anerkennung als SPF-Betrieb, sind in den „Richtlinien für SPF-Schweinebestände" geregelt.

5.3 Tierärztliche Bestandsbetreuung

Wenn im folgenden schwerpunktmäßig nur von der tierärztlichen Bestandsbetreuung die Rede sein wird, so darf das nicht dahingehend mißgedeutet werden, daß es beim Schwein keine durch Erkrankung einzelner Tiere ausgelösten Einzelbesuche und -behandlungen mehr gäbe. Aufgrund der Betriebsgrößenstruktur in der Bundesrepublik Deutschland (siehe unter 1.1) ist es vielmehr so, daß noch ein erheblicher Teil unserer Zucht- und auch Mastschweine in kleineren Betrieben gehalten und dort auch individuell betreut und behandelt wird.

5.3.1 Struktur der tierärztlichen Versorgung

Mit den veränderten Produktionsbedingungen und der starken Spezialisierung der Tierhalter war und ist auch eine Veränderung der Struktur der tierärztlichen Versorgung und der Spezialisierung der Tierärzte verbunden. So gibt es seit einigen Jahren in Schweinebeständen neben dem kurativ tätigen Allgemeinpraktiker auch Fachtierärzte für Schweine. Fachtierärzte müssen sich in ihrer Berufsausübung nicht auf die von ihnen gewählte Richtung beschränken, aber sie haben für die Abdeckung des jeweiligen Fachgebietes eine zusätzliche, mehrjährige Ausbildung absolviert.

Die dritte Komponente stellt der Schweinegesundheitsdienst (SGD) dar. Gemäß den Statuten haben die SGD-Tierärzte vornehmlich die Durchführung der Gesundheitskontrollen sowie die Beratung und Information der Betriebsinhaber übernommen (vgl. 7.9).

Die partnerschaftliche Zusammenarbeit zwischen Tierhalter und Tierarzt kann sich auf einen Betreuungsvertrag stützen. Diese Verträge regeln die gegenseitigen Aufgaben und Verpflichtungen und haben vor allen Dingen im Rahmen der Medikamentenabgabe auch rechtliche Wirkungen. Häufig glaubt man in der Praxis noch auf derartige Verträge verzichten zu können. Ihre Bedeutung wird jedoch sicherlich weiter zunehmen. Je mehr nämlich der Tierarzt statt für die Heilung eines erkrankten Tieres für die Gesunderhaltung und Bewahrung der Leistung eines Bestandes gefordert wird, um so problematischer gestaltet sich bei vertragsloser Zusammenarbeit die Frage nach der leistungsgerechten Bezahlung. Tierärztliche Hilfen im Bestand ist und muß mehr sein als ein über den Arzneimittelbezug abzugeltender Kostenfaktor!

5.3.2 Aufgaben der tierärztlichen Bestandsbetreuung

Der Aufgabenkatalog des Bestandstierarztes umfaßt folgende Gebiete:
1. Präventive Maßnahmen
2. Prophylaktische Maßnahmen
3. Therapeutische Maßnahmen.

Abgesehen von Einzelfällen, in denen Tierärzte direkt in die Leitung oder das Management von Großanlagen integriert sind, wie dies vor allem im Ostblock der Fall ist, ist der Tierarzt ein dem Betriebsinhaber zur Seite stehender Berater. Er kann nur insoweit verbindliche Entscheidungen über Verfahrensweisen mit dem Tiermaterial treffen, als er vom Inhaber dazu autorisiert oder andernfalls aus seuchenpolizeilichen oder tierschützerischen Gründen zur Zusammenarbeit mit den Veterinärbehörden verpflichtet ist. Grundsätzlich obliegt im normalen Produktionsverlauf dem Besitzer der Tiere die Entscheidungsgewalt.

Präventive Maßnahmen (Vorbeugung gegen Krankheiten)

Ihre Auswirkungen auf die Tiergesundheit sind allgemeiner Art. Sie umfassen zum einen die einschlägigen gesetzlichen Regelungen (Viehseuchengesetz etc.) und zum anderen die veterinärhygienischen Anforderungen an die Haltung der Tiere. Auch die Erfahrung und der Wissensstand des Betreuungspersonals zählen zum präventiven Bereich.

Prophylaktische Maßnahmen (Verhütung von Krankheiten)

Sie beziehen sich konkret auf die Verhütung bestimmter Arten von Leistungsminderungen und Erkrankungen. Man unterscheidet die Immunprophylaxe (aktive oder passive Schutzimpfungen), die chemische Prophylaxe (vorbeugender Einsatz von Arzneimitteln), Hygienemaßnahmen und sonstige Maßnahmen zur Gesundheitspflege. Zur Arzneimittelprophylaxe zählen z. B. Eiseninjektionen beim Ferkel, Verabreichung von Entwurmungsmitteln, Behandlung von Schweinen mit Insektiziden sowie die Anwendung von Beruhigungsmitteln.

Da es in der Intensivtierhaltung in erster Linie darauf ankommt, den Ausbruch von Erkrankungen zu verhindern, haben Fütterungsarzneimittel bei der Prophylaxe eine kaum mehr wegzudenkende Bedeutung erlangt. Fütterungsarzneimittel sind Futtermischungen, in die ein oder manchmal auch mehrere Arzneimittel eingemischt werden. Sie sind im Futtermittelgesetz definiert. Die Arzneimittel werden dabei vom Bestandstierarzt entweder geliefert oder verschrieben.

Es dürfen nur solche Arzneimittel eingesetzt werden, die bei Tieren, welche zur Gewinnung von Lebensmitteln dienen, zugelassen sind. Die angegebenen Wartezeiten müssen eingehalten werden. Findet man bei Stichproben im Schlachthof hemmstoffpositive Schlachtkörper, so werden nicht nur die untersuchten Schlachtkörper als untauglich verworfen, sondern der Produzent muß mit eingehenden Kontroll- und Strafmaßnahmen rechnen.

Therapeutische Maßnahmen (Behandlung von Krankheiten)

Die Heilung klinisch manifester (erkennbarer) Erkrankungen hat in allen Produktionsstufen immer noch entscheidende Bedeutung. Dabei bezieht sich das Ziel des therapeutischen Vorgehens, nämlich die Heilung und vollständige Wiederherstellung der Leistungsfähigkeit, vornehmlich auf die Tiere, bei denen eine Behandlung noch ökonomisch sinnvoll ist.

5.3.3 Herdendiagnostik

Unter Diagnostik versteht man die Erkennung von Krankheiten. Die Herdendiagnostik ist insofern nichts grundsätzlich anderes als die Einzeltierdiagnostik, als sie alle diagnostischen Maßnahmen aus diesem Bereich mitverwendet. Zusätzlich werden jedoch auch noch einige andere Untersuchungen vorgenommen. Gute Herdendiagnostik ist immer gleichzeitig auch eine veterinärmedizi-

84   Hygiene und Gesundheit in Schweinebeständen

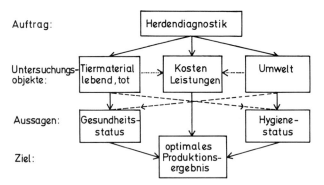

Abb. 36 Herdendiagnostik

nische Produktionskontrolle. Neben Aussagen über den Hygiene- und Gesundheitsstatus liefert sie auch Information über das Produktionsergebnis (Abb. 36).

Die Herdendiagnostik stützt sich auf folgende Untersuchungen:

1. Die Analyse der wirtschaftlichen Leistungsdaten gibt Hinweise auf subklinische Krankheitsverläufe und erlaubt eine wirtschaftliche Wertung durchgeführter tierärztlicher Maßnahmen. Sie stützt sich auf die Auswertung von Fortpflanzungs-, Aufzucht-, Mast- und Schlachtleistungen. Dabei kann sich der Tierarzt in Betrieben, die Erzeugerringen angeschlossen sind, die von den Ringassistenten detailliert erhobenen Daten zunutze machen.
2. Untersuchungen der Umwelt umfassen die allgemeine Infektionsprophylaxe, die Produktionsorganisation im Bereich Haltung und Klima sowie die Überprüfung der Fütterung.
3. Grundsätzlich ist bei der Herdendiagnostik nicht nur das erkrankte Tier, sondern auch das (scheinbar) gesunde Tier von Interesse. Bei verendeten Tieren werden Sektionen vorgenommen. Außerdem werden die Befunde von Notschlachtungen erhoben und ausgewertet und die Totalverluste analysiert. Die Untersuchungen an den lebenden Tieren umfassen die klinische Diagnostik am Einzeltier und im Bestand. Sie werden unterstützt durch labordiagnostische Untersuchungen.

Langfristige und bleibende Erfolge auf dem Gebiet der Hygiene und Gesundheit in Schweinebeständen sind nur bei kooperativer Zusammenarbeit von Tierhalter, Tierarzt und Tierzüchter realisierbar.

6 Tier- und Umweltschutz

6.1 Verhalten der Schweine

Die Sinnesleistungen von Schweinen sind entsprechend ihren ursprünglichen Nahrungs- und Lebensgewohnheiten unterschiedlich stark ausgeprägt. Der gut ausgebildete Geruchssinn gestattet es dem Schwein, im Boden verborgene Wurzeln und Knollen zu finden (Trüffelschwein).

Auch der Tastsinn befähigt das Schwein zu sehr empfindlichen Wahrnehmungen. Insbesondere der Rüssel spielt bei der Nahrungssuche und bei der Kontaktaufnahme mit Artgenossen als Tastsinnesorgan eine bedeutende Rolle. Das Schwein registriert die Geschmacksrichtungen süß und bitter besser als sauer und salzig.

Im Gegensatz zum Sehvermögen, das relativ schwach entwickelt ist, zeigt das Gehör beim Schwein eine sehr gute Wahrnehmungs- und Unterscheidungsfähigkeit. So werden die bei den verschiedenen Verhaltensweisen ausgestoßenen Laute sehr differenziert wahrgenommen.

Schweine sind intelligent, lernbegabt und sehr neugierig. Diese Eigenschaften führen zu einem großen Interesse an der Umgebung und äußern sich in einem starken Explorationsbedürfnis (Erkundung der Umwelt). Bewegliche Teile der Stalleinrichtungen regen die Tiere zu großer Aktivität an, die nicht selten dazu führt, daß Türriegel und sonstige Stalleinrichtungen von den Schweinen geöffnet werden.

6.1.1 Spezifische Verhaltensmuster

Gesunde Schweine stehen beim Fressen und Saufen. Zum Ruhen liegen sie mit an den Körper angezogenen Extremitäten auf dem Bauch oder auf der Seite. Ein Ruhen im Stehen (wie etwa beim Pferd) gibt es nicht. Ist in der Bucht genügend Platz, so wählen sich die Schweine einen ständigen Ruheplatz, der dann auch saubergehalten wird (besonders deutlich zu sehen bei Haltung auf Stroh).

Das Absetzen von Kot und Harn erfolgt in der Regel immer an derselben Stelle. Die Ecken von Buchten oder der Platz neben der geschlossenen Buchtenwand werden bevorzugt. Auf Vollspaltenböden gehaltene Schweine setzen Kot und Harn häufig wahllos irgendwo in der Bucht ab. Sauen, die im Kastenstand gehalten werden, treten zum Kotabsetzen bis an die hintere Buchtenwand. Sauen, die mit Hals- oder Brustgurten fixiert sind, steht diese Möglichkeit nicht zur Verfügung, so daß hier der Liegeplatz mit Kot und Harn verschmutzt wird.

Den Freßvorgang bestimmen neben dem natürlichen Instinkt zur Futteraufnahme auch die Prägung und die Gewohnheiten der Tiere. Haben sich die Schweine erst einmal auf bestimmte Darreichungsformen (Futterkonsistenz und Struktur) und Geschmacksrichtungen eingestellt, so kann es bei einem plötzli-

chen Wechsel zur Verringerung der Futteraufnahme kommen. Der beim Schwein stark ausgeprägte Futterneid bedingt einige charakteristische Verhaltensweisen:
- Schweine stellen sich am Trog schräg, um Artgenossen abzudrängen
- schwächere Tiere werden vom Trog vertrieben
- der Anblick fressender Artgenossen stimuliert Schweine zur Futteraufnahme
- Schweine lernen sehr schnell, sog. Futtersignale (Klicken der Automaten, Eimergeklapper etc.) zu registrieren.

Beim Bau von Fütterungseinrichtungen für Sauen in Gruppenhaltung werden diese Aspekte durch verschließbare Einzelfreßstände berücksichtigt. Bei Gruppenfütterung der Sauen ist keine gezielte unterschiedliche Fütterung der einzelnen Sauen möglich. Bei Einzelfreßständen ist darauf zu achten, daß die Trennwände bis in den Trog reichen.

6.1.2 Sozialverhalten

Die Kontaktaufnahme mit Artgenossen erfolgt vor allem durch gegenseitiges Beriechen, das am Kopf beginnend schließlich auf den ganzen Körper bis hin zur Anogenitalregion ausgedehnt wird. Dieses Beriechen wird von Lautäußerungen begleitet. Schweine suchen den sozialen Kontakt mit Artgenossen. Bei Gruppenhaltung besteht eine feste Rangordnung zwischen den einzelnen Tieren. Bei Neubildung von Gruppen (z. B. niedertragender Sauen) ist darauf zu achten, daß nicht mehr als ca. 10 Sauen neu zusammengeführt werden, da sich sonst die Rangkämpfe zur Herausfindung der Rangordnung zu langwierig bzw. auch verlustreich gestalten. Es ist günstig, die Sauen in einer für alle neuen Bucht zusammenzubringen, damit keine angestammten Platzansprüche verteidigt werden. Kämpfe zwischen Sauen verlaufen dann in der Regel relativ harmlos, aber die erstellte Rangordnung wird sehr konsequent beachtet. Lediglich beim Liegen in Gruppen spielt sie fast keine Rolle.

6.2 Tierschutz

6.2.1 Tierschutzgesetz

Das neue Tierschutzgesetz, das seit dem 1. Oktober 1972 in Kraft ist, soll dem Wohlbefinden der Tiere dienen. Im ersten Abschnitt ist fixiert, daß niemand einem Tier vermeidbare Schmerzen, Leiden oder Schäden zufügen darf. Unter dem Wohlbefinden eines Tieres versteht man, daß die Lebensvorgänge artgemäß und verhaltensgerecht ablaufen. Vorübergehende Störungen, Schmerzen und Leiden oder andauernde Schädigungen beeinträchtigen oder versagen dieses Wohlbefinden und sind somit verboten – außer wenn sie „vernünftig sind", also z. B. dem Erhaltungsinteresse des Menschen dienen. Die gegenseitigen Abwägungen zwischen dem berechtigten Schutzanspruch der Tiere und den

Bedürfnissen des Menschen gehören mit zu den schwierigsten ethischen Fragestellungen, die im Rahmen der modernen Intensivhaltung landwirtschaftlicher Nutztiere auftreten.

Der zweite Abschnitt des Tierschutzgesetzes befaßt sich mit der Tierhaltung und der vorschriftsmäßigen Ernährung, Pflege und Unterbringung von Tieren. Das Töten von Tieren und die Ermächtigung für die Zulassung von Tötungsarten sind im 3. Abschnitt geregelt. Von großer praktischer Bedeutung für den Routinebetrieb im Zuchtsauenstall ist Abschnitt 4, der Eingriffe an Tieren und Betäubungsvorschriften enthält. Demzufolge dürfen Ferkeln bis einschließlich zum 4. Lebenstag die Schwänze ohne Betäubung kupiert werden. Kastrationen männlicher Ferkel dürfen bei normalen anatomischen Verhältnissen bis zum Alter von 2 Monaten ohne Narkose durchgeführt werden. Die Kastration von älteren Ferkeln oder von Ferkeln mit Hodenbruch muß unter Betäubung der Tiere und damit von einem Tierarzt vorgenommen werden.

6.2.2 Schweinehaltungsverordnung (Entwurf)

Obwohl das Tierschutzgesetz bereits seit 10 Jahren in Kraft ist, gibt es noch keine rechtskräftigen Einzelverordnungen, deren Erlaß im Gesetz vorgesehen ist. Hier kann deshalb nur der Entwurf einer Verordnung zum Schutze von Schweinen bei Stallhaltung (Schweinehaltungsverordnung) vorgestellt werden. In dieser Verordnung wird unterschieden zwischen Ferkeln (Schweine bis 30 kg Gewicht), Zuchtschweinen (über 30 kg und zur Zucht bestimmt) und Mastschweinen (über 30 kg und zur Mast bestimmt). Die Bestimmungen der Verordnung beziehen sich nicht auf tierärztliche Behandlungen oder Anordnungen für die Haltung im Einzelfall, nicht auf Tierversuche und nicht auf die Haltung von SPF-Ferkeln.

Bei der Haltung von Ferkeln sind neben Anforderungen an die Böden und Schutzvorrichtungen gegen Erdrücken der Ferkel in Abferkelbuchten auch Höchstzahlen der erlaubterweise zu haltenden Ferkel in Abhängigkeit von der verfügbaren Fläche und der Zahl der Freßstellen bzw. Tränkestellen angegeben. In Käfigen dürfen Ferkel nur in gleichmäßigen Gruppen und ab einem Gewicht von 2,5 kg aufgestallt werden. Die Käfigböden müssen rutschfest und trittsicher sein. Bei Rostböden darf die Drahtstärke nicht weniger als 3 mm betragen.

Für Schweine bis 105 kg darf die Spaltenbreite 2,5 cm nicht überschreiten. Die Auftrittsbreite der Balken muß 8 cm betragen. Bei Einzelhaltung sind die Stände so zu bemessen, daß das Schwein sich ungehindert hinlegen, aufstehen und in Seitenlage die Gliedmaßen ausstrecken kann. Die frei verfügbare Standlänge muß mindestens des 1,4fache der Rumpflänge des Schweines betragen. Für die Gruppenhaltung ist die erforderliche Liegefläche pro Schwein und die Anzahl der Freß- und Tränkestellen vorgegeben. Einzelfreßstände für Zuchtschweine müssen hinter den Schweinen absperrbar sein. Detaillierte Angaben über Vorschriften zu Stallklima, Fütterung, Wartung und Pflege sowie Beleuchtung und technische Einrichtung sind in der Verordnung ebenfalls vorgesehen.

6.2.3 Transport von Schweinen

Zum Transport von Schweinen zählen folgende Vorgänge: Die Vorbereitung und Bereitstellung der Tiere für den Transport, die Verladung, die Beförderung einschließlich eventueller Umladungen, Zwischenaufenthalte, die Entladung und das Verbringen an das eigentliche Transportziel. Sammelstallungen vor und nach dem Transport (Händlerstallungen, Stallungen auf Schlachthöfen) müssen tierschutzgerecht ausgestattet sein und betrieben werden.

Schweine sollen grundsätzlich vor dem Transport nicht gefüttert werden. Schweine mit vollem Magen sind den Kreislaufbelastungen beim Transport weniger gewachsen und verenden leichter. Bei gefütterten Schweinen wird ein Abzug vom Schlachtgewicht vorgenommen (ein gefüllter Magen wiegt 4% des Körpergewichts). Gelegenheit zur Wasseraufnahme sollten die Schweine jedoch bis unmittelbar vor dem Verladen haben. Die Verladewege sind möglichst durch Gitter abzugrenzen.

Das Europäische Tier-Transportübereinkommen verlangt u. a.

- eine Einstreu für den Boden der Transportfahrzeuge
- getrennte Gruppen bzw. Einzelbuchten (bei Ebern)
- Begleitung für Tiertransporte im internationalen Verkehr
- Beförderungsverbot für Sauen, die unmittelbar vor der Geburt stehen oder in den vergangenen zwei Tagen geferkelt haben
- Trennung von Tieren verschiedener Art durch Gitter.

Bei der Beladung des Fahrzeuges ist darauf zu achten, daß so viel Platz zur Verfügung steht, daß alle Schweine gleichzeitig liegen können. Zu viel Liegefläche ist ungünstig, weil sich die liegenden Schweine gegen die Fahrbewegungen nicht abstützen können und dann hin und her geschleudert werden. Fahrweise, Luftzufuhr, Wärmeschutz oder Kühlung etc. sind den Bedürfnissen der transportierten Tiere anzupassen. Im Sommer sollen Schweine möglichst in den kühleren Morgenstunden transportiert werden.

Da derzeit mehr als 1% aller transportierten Schweine verenden und bei vielen Schlachttieren die Fleischqualität durch den Transport leidet, haben die Transportbedingungen von Schweinen neben der tierschützerischen Seite auch eine große volkswirtschaftliche Bedeutung.

6.3 Umweltschutz in der Schweineproduktion

Die Forderungen des Umweltschutzes haben im Rahmen der Schweineproduktion in den letzten Jahren eine große Bedeutung erlangt. Durch die Aufstockkung der Bestände, die Installation von Flüssigmistverfahren und die Erhöhung der Belegungsdichte in den letzten Jahren hat sich die Umweltbelastung durch die Schweineproduktion verstärkt. Eine Fülle von Verordnungen und Vorschriften über Umweltschutzmaßnahmen in der Schweineproduktion sind zu beachten. Die Erfüllung dieser Auflagen stellt für die Produzenten einen erheblichen Kostenfaktor dar.

6.3.1 Umweltbelastungen

Die Umweltbelastungen durch Schweinehaltungen lassen sich in fünf Gruppen einteilen. Der zweifelsohne wichtigste Faktor ist die Geruchsbelästigung. An nächster Stelle stehen die Belastungen von Boden, Wasser und Pflanzen durch die Ausbringung des Schweinemistes. Staub, Lärm und Krankheitserreger sind i. allg. von geringerer Bedeutung, können aber in Einzelfällen zu nicht unerheblichen Problemen führen.

In aller Regel sind die Umweltbelastungen in der Ferkelproduktion geringer als in der Schweinemast, da die Zuchtsauenhaltung zum einen geringere Bestandsgrößen und -dichten mit sich bringt und zum anderen sehr häufig noch mit Einstreu und geräumigen Stallungen gearbeitet wird.

Geruch wird durch gas-, dampfförmige oder feste, in der Luft schwebende, Stoffe verursacht. Im Stall gibt es drei große Gruppen von Geruchsquellen:

1. Die Exkremente (Kot und Harn)
2. Die gehaltenen Schweine (tierartspezifischer Eigengeruch und Darmgase)
3. Das Futter (Eigengeruch z. B. bei Fisch- und Tiermehlen, Silagen, CCM, etc.).

Staub ist nur Geruchsträger, keine eigene Geruchsquelle. Von den genannten Geruchsquellen schlagen hauptsächlich die Exkremente zu Buche. Das Ausmaß der Geruchsentwicklung ist abhängig von der Größe der beschmutzten Fläche und damit von der Art der Aufstallung und der Sauberkeit im Stall.

Der typische Schweinestallgeruch ist ein Gemisch aus einer großen Gruppe einzelner chemischer Verbindungen (Schwefelverbindungen, organische Säuren, Amide etc.) sowie Ammoniak und Schwefelwasserstoff. Die Geruchsschwelle ist für die einzelnen Geruchsstoffe unterschiedlich hoch. Zur Geruchsmessung verwendet man ein sog. Olfaktometer oder, für Einzelstoffe wie NH_3 oder H_2S, ein Gasspürgerät nach Draeger.

Gesetzliche Regelungen sind für genehmigungspflichtige Anlagen im Bundesimmissionsschutzgesetz (BImSchG) und dessen Verwaltungsvorschrift, der TA-Luft (Technische Anleitung zur Reinhaltung der Luft) gegeben. Genehmigungspflichtig sind Anlagen mit mehr als 280 Zuchtsauen oder mehr als 700 Mastschweinen, soweit die Stallungen mit Flüssigmistverfahren arbeiten (bei Festmist 900 Mastschweine).

Bei derartigen Betrieben soll die Entfernung zwischen Wohnsiedlung und Stall in der Regel mindestens 500 m betragen. Die Exkremente sollen nicht unter 4 Monaten Lagerzeit ausgebracht werden.

Für nichtgenehmigungsbedürftige Schweineställe werden in der VDI-Richtlinie 3471 „Auswurfbegrenzung, Tierhaltung-Schweine" Abstände zwischen Stallungen und Wohngebieten vorgeschlagen. Dabei sind Aufstallung und technische Ausstattung zu berücksichtigen.

6.3.2 Maßnahmen zur Verminderung der Umweltbelastungen

Geruchsbelästigungen

Die Möglichkeiten der Minderung oder Beseitigung von Geruchtsbelästigungen im Stall, in der Stallabluft und damit der Stallumgebung können grundsätzlich in vier Maßnahmengruppen zusammengefaßt werden.

1. Standortwahl

Die Produktionsstätten müssen so in dem zur Verfügung stehenden Gebiet plaziert werden, daß die Geruchsbelästigung für den Nachbarn und das eigene Wohngebäude minimal ist. Insofern sollten die geforderten Mindestabstände (siehe unter 6.3.1), wenn möglich übertroffen werden. Durch die Kommunen werden andererseits bei der Erstellung der Flächennutzungspläne im Bedarfsfall geeignete Flächen ausgewiesen.

2. Reduzierung der Geruchsentstehung

Entsprechend den Möglichkeiten der Geruchsentstehung ist auf größtmögliche Sauberkeit und Trockenheit im Stall zu achten. Ein gutes Stallklima trägt zur Sauberkeit der Tiere bei. Neben sauberen Arbeits- und Mistgängen sowie Buchtenflächen kann vor allem durch die aerobe (mit Sauerstoff) Güllebehandlung die Geruchsbelastung gesenkt werden.

Durch einen gasdichten Geruchsverschluß zwischen Flüssigmistlager und Stall wird ein Eindringen von Gerüchen aus der Grube in den Stall verhindert. Der Güllebehälter muß groß genug sein, damit bei der Ausbringung auf günstige Klima- und Bodenverhältnisse gewartet werden kann. Dichte Schwimmdecken in Flüssigbehältern stellen hervorragende Geruchsbarrieren dar. Beim Ausbringen der Gülle empfiehlt es sich, die Gülle entweder direkt in den Boden einzudrillen oder nach bodennaher Ausbringung sofort einzuarbeiten. Niedrige Außentemperaturen verringern die Geruchsbelästigung. Gülle darf nur in dichten, jedoch oben offenen, Behältern gelagert werden.

3. Behandlung der Abluft

Der Abluft können geruchsüberdeckende oder -mindernde Mittel beigegeben werden. Auch ist es möglich, die Abluft mit Ozon, UV-Strahlen, Aktivkohle o. ä. zu behandeln. Man unterscheidet zwischen Abluftwäschern und -filtern. Beide Systeme gewährleisten eine gute Geruchsverminderung durch Reinigung der Abluft und biologischen Geruchsabbau durch die in den Geräten angesiedelten Mikroorganismen.

4. Führung der Abluft

Da die Geruchsbelästigung nur beim Überschreiten der Geruchsschwelle wirksam wird, kann man die Abluft so weit verdünnen, daß keine Probleme mehr auftreten. Technisch ist dies möglich durch eine hohe Luftrate, durch hohe Abluftschächte (die mindestens 2 m über den Dachfirst hinausragen), oder durch die Vermischung von Abluft und Frischluft im Abluftschacht.

Gewässer- und Grundwasserverunreinigung

Im Gegensatz zu der bei der Schweinehaltung nicht vollständig zu unterbindenden Geruchsbelästigung ist eine Vermeidung von Grundwasser- oder Gewässerverunreinigung relativ leicht zu erreichen. In erster Linie ist auf sachgemäße Dung- und Güllelagerung in dichten Behältern und bei der Ausbringung auf gleichmäßige Verteilung und die Einhaltung der zulässigen Höchstmengen zu achten. In Wassereinzugsgebieten, auf gefrorenem Boden oder steilen Hängen sollte die Dungausbreitung unterbleiben.

Verbreitung von Krankheitserregern

Da sehr viele Erreger von Infektionskrankheiten, Wurmeier und Parasitenlarven von den Tieren ausgeschieden werden, ist eine nicht unerhebliche Gefahr der Verbreitung und Verschleppung gegeben. Geeignete Maßnahmen dagegen sind:

- Sauberkeit in der Stallumgebung
- regelmäßige Stalldesinfektion
- rechtzeitige Selektion anfälliger Tiere
- ordnungsgemäße Beseitigung verendeter Tiere.

Im Festmist kommt es bei mehrwöchiger Lagerung durch die Selbsterhitzung zur Abtötung vieler Erreger und Parasiteneier. Auch eine Flüssigmistbehandlung durch Umwälzbelüftung tötet die Krankheitserreger ab. Gülle muß einige Monate gelagert werden. Chemische Desinfektion unter Zugabe von Kalkstickstoff zum Flüssigmist verhindert die landwirtschaftliche Verwertung in der Düngung nicht.

Die Konfliktsituation zwischen Landwirten und Nichtlandwirten, die gekennzeichnet ist durch die Einengung landwirtschaftlicher Produktionsmöglichkeiten auf der einen und Beeinträchtigung des Wohnwertes von Siedlungen auf der anderen Seite, läßt sich durch die genannten Maßnahmen zumindest entschärfen.

7 Organisation der Schweineproduktion

Die tierische Produktion erfährt seit beinahe 200 Jahren eine Förderung durch private und staatliche Maßnahmen. Waren früher die Bestrebungen mehr schutzorientiert, d. h. Abwehr von Krankheiten für Mensch und Tier, so rückte in den letzten Jahrzehnten die Steigerung des Leistungsniveaus und der Wirtschaftlichkeit der tierischen Erzeugung mehr in den Vordergrund. Da der Staat dazu neigt, aktive Förderung zu betreiben, kam es zu weitläufigen Vernetzungen zwischen privaten und staatlichen Maßnahmen.

7.1 Tierzuchtgesetz

Das Tierzuchtgesetz (TierZG) vom 20. April 1976 hat den Zweck, auf züchterischem Gebiet die quantitative Leistungsfähigkeit der Tiere zu erhalten und zu verbessern, eine gute Qualität der tierischen Produkte zu gewährleisten und die Wirtschaftlichkeit der tierischen Produktion zu steigern. Deshalb regelt das Tierzuchtgesetz nicht nur die Zuchtverwendung der männlichen Tiere, sondern auch die Organisation der Tierzucht.

Ein Eber darf nur dann zum Decken verwendet werden, wenn er gekört ist. Über die Körung entscheidet die Körbehörde, nachdem sie den Eber im Rahmen einer Körveranstaltung mit einer hinreichend großen Zahl anderer Eber verglichen und beurteilt hat (Sammelkörung). Dem Antrag zur Körung muß der Abstammungsnachweis (Herdbuchzugehörigkeit) mit den Leistungsprüfungsergebnissen beigefügt werden. Für Erstellung und Richtigkeit des Abstammungsnachweises ist die Züchtervereinigung verantwortlich.

Die Körentscheidung kann lauten „gekört", „nicht gekört" oder „vorläufig nicht gekört". Gekört wird ein Eber dann, wenn er die Anforderungen hinsichtlich des Zuchtwertes einschließlich der Genauigkeit seiner Feststellung erfüllt, mindestens 5 Monate alt ist und keine Erscheinungen zeigt, nach denen seine Zuchttauglichkeit beeinträchtigt ist. Bei der Körentscheidung „vorläufig nicht gekört" ist eine Frist festzusetzen, innerhalb derer das betreffende Tier wieder zur Körung vorgestellt werden muß.

Der Zuchtwert bzw. die zu erfüllenden Mindestanforderungen an den Zuchtwert sind das wesentliche züchterische Kriterium für die Körung. Unter Zuchtwert versteht das Gesetz den erblichen Einfluß von Tieren auf die Wirtschaftlichkeit ihrer Nachkommen. Um die verschiedenen Leistungsmerkmale, die die Wirtschaftlichkeit beeinflussen, im richtigen Ausmaß zu berücksichtigen, wird aus den Zuchtwerten der einzelnen Merkmale ein Gesamtzuchtwert (Summe der Indexpunkte) errechnet. Die Wichtung der Einzelzuchtwerte erfolgt über die entsprechenden Wirtschaftlichkeitskoeffizienten. Dieser Gesamtzuchtwert präsentiert – das in einer Zahl ausgedrückte – Zuchtziel und stellt das objektive Entscheidungskriterium für die Körung dar.

7.2 Dachorganisationen

Die Arbeitsgemeinschaft Deutscher Tierzüchter (ADT) ist der Zusammenschluß aller Tierzucht-Bundesorganisationen. Beratung von Behörden, Organisationen und privaten Stellen, sowie Vertretung der deutschen Tierproduktion auf internationaler Ebene und Mitwirkung bei der Ausarbeitung bundeseinheitlicher Richtlinien sind die Aufgaben der ADT. Die Dachorganisation der bäuerlich organisierten Schweineproduktion, die Arbeitsgemeinschaft Deutscher Schweineerzeuger (ADS) ist Mitglied der ADT. Die ADS gliedert sich in 8 Landesarbeitsgemeinschaften, die wiederum von regionalen Zuchtvereinigungen und Erzeugerringen getragen werden (Abb. 37). Die Besamungsstationen sind kooperativ mit der ADS verbunden.

Der ADS obliegt die Interessenvertretung der ihr angehörenden Organisationen gegenüber Staat, Wirtschaft und Bauernverband. Schwerpunkte der Arbeit der ADS ist die Umsetzung neuer wissenschaftlicher Erkenntnisse in der Praxis, die Vereinheitlichung von Züchtungs- und Vermarktungsverfahren sowie die Durchführung der Fleischleistungsprüfung beim Schwein.

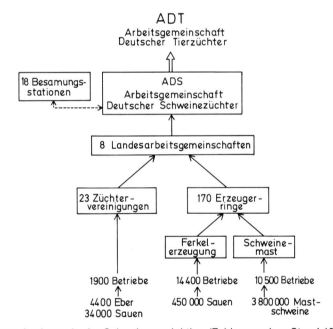

Abb. 37 Organisationen in der Schweineproduktion (Zahlenangaben Stand 1980)

7.3 Züchtervereinigungen

Züchtervereinigungen zählen zu den ältesten Selbsthilfeeinrichtungen der Landwirtschaft. In der Schweinezucht gibt es seit etwa 80 Jahren Züchtervereinigungen (landläufig auch Zuchtverbände genannt). Neben Führung des

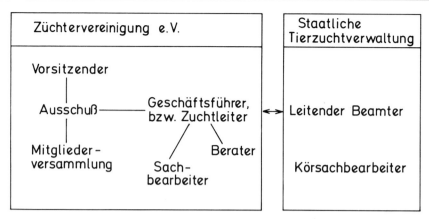

Abb. 38 Organisationsform in einer Züchtervereinigung

Herdbuches und Ausstellung von Abstammungsnachweisen gehört es zu den satzungsgemäßen Aufgaben, das Zuchtziel festzusetzen und zu überwachen, Auktionsveranstaltungen und Ausstellungen auszurichten und die Mitglieder zu beraten.

Züchtervereinigungen finanzieren sich durch Mitgliedsbeiträge und Gebühren. Sie sind eingetragene Vereine (e.V.). Laut Gesetz müssen die Züchtervereinigungen allen Beitrittswilligen offenstehen. Der Staat unterstützt die Züchtervereinigung durch Beamte der Tierzuchtverwaltung (Abb. 38)

7.4 Zuchtunternehmen

Während Züchtervereinigungen grundsätzlich als ideelle Vereine auftreten und jederzeit Mitglieder aufnehmen, wählen Zuchtunternehmen andere Rechtsformen des Zusammenschlusses z. B. eine GmbH oder Aktiengesellschaft. Zuchtunternehmen müssen sich ebenfalls von der Behörde anerkennen lassen und ihre Kreuzungsprodukte dem Stichprobentest unterwerfen. Im züchterischen Bereich unterscheiden sich die Züchtervereinigung und Zuchtunternehmen vor allem durch die Tatsache, daß im letzteren alle züchterischen Entscheidungen zentral eingeleitet und gesteuert werden. Die zunehmende Bedeutung dieser bei uns relativ neuen Zusammenschlüsse ergibt sich aus dem Ausmaß an Kreuzungs- und Hybridprogrammen. Hierarchisch aufgebaute, straff zentralisierte Organisationen arbeiten im allgemeinen effektiver, wenn es um die Durchsetzung und Durchführung komplizierter Abläufe geht, wie sie Hybridprogramme o. ä. nun einmal fordern.

Angeregt wurden diese Hybridprogramme durch die beeindruckenden Erfolge in der Geflügelproduktion. Während aber die Legehybriden den Reinzuchthennen um etwa $\frac{1}{3}$ überlegen waren, bewegen sich die Leistungssteigerungen in einzelnen Merkmalen bei Schweinehybriden nur in einer Größenordnung von 10% und oft noch darunter.

Zuchtunternehmen führen alle Zuchtmaßnahmen in eigener Regie durch.
- Registrierung
- Leistungsprüfung
- statistische Auswertungen
- Populationsanalysen
- Zuchtwertschätzung
- Selektion und Paarungsplanung

zählen zu den organisationseigenen, zentral gesteuerten Aufgaben. Den Mitgliederbetrieben verbleibt nur ein geringer Teil an Selbständigkeit, der sich meist auf die Haltung und Versorgung des Tiermaterials beschränkt. Zum Ausgleich für diese Einbuße an Mitentscheidungsrecht ist das marktwirtschaftliche Risiko – über Festpreise und garantierte Abnahmen der gemeinsam vermarkteten Produkte – vermindert. In der Bundesrepublik gibt es bislang zwei Organisationen, die durch Zusammenarbeit von Landwirten entstanden sind. Es sind dies das Bundeshybridzuchtprogramm (BHZP) der Züchtungszentrale Deutsches Hybridschwein GmbH und das Landeshybridzuchtprogramm Baden-Württemberg. Das nach ähnlichen Prinzipien aufgebaute ABC-Programm der Schleswig-Holsteinischen Viehzentrale ist kein Hybridzuchtprogramm im eigentlichen Sinne.

Neben diesen Zusammenschlüssen von Züchtern gibt es auch noch sog. Zentrale Züchtungsanlagen. Sie kommen meist aus Wirtschaftszweigen, die nicht direkt der Schweinezucht zuzuordnen sind, die aber über ihr geschäftliches Umfeld (als Lebensmittelkonzerne, Stallbaufirmen, Futtermittellieferanten etc.) Kontakt zur Schweinezucht haben. Durch die gewaltigen Kapitalreserven dieser Konzerne ist es ihnen möglich, in relativ kurzer Zeit schlagkräftige Organisationen aufzubauen. Derzeit konzentrieren sich die Geschäftsinteressen dieser Züchtungsanlagen noch vorrangig auf Großprojekte.

Die Hybridzucht in der Bundesrepublik hat noch bedeutende Wachstumschancen. Bei der Vermarktung von Zuchttieren hat die Zahl der abgesetzten Sauen aus der Hybridzucht die Reinzucht bereits überflügelt.

7.5 Leistungsprüfungsorganisationen

Organisierte Leistungsprüfungen in der Schweinezucht gibt es seit 1925. Dabei beschränkte sich die Aufgabe der 16 Prüfungsanstalten des Reichsgebietes auf die Erfassung der Mastleistungsmerkmale. Heute gibt es in der Bundesrepublik 12 Stationen für die Prüfung auf Mast- und Schlachtleistung. Während nur 4 Stationen eine Eber-Eigenleistungsprüfung durchführen, stehen 11 Stationen auch für Geschwister- und Nachkommenprüfungen zur Verfügung.

Die Gesamtkapazität beträgt etwa 6000 Stallplätze. Damit können jährlich annähernd 12 000 Zweiergruppen in der Nachkommen- und Geschwisterprüfung sowie 1500 Eber in der Eigenleistungsprüfung getestet werden. Wegen des großen hygienischen Risikos hat die Eigenleistungsprüfung auf Station nicht die Bedeutung erlangt, die ihr auf Grund der züchterischen Aussagekraft zukommen müßte. Deshalb gelangen nur relativ wenige Eber und Jungsauen in die Stationsprüfung.

Träger der Stationen sind entweder der Staat oder die Landwirtschaftskammern. Sie sind auch für die Errichtung der Prüfstationen und Durchführung der Leistungsprüfung verantwortlich. Da die einzelnen Bundesländer den Aufbau der Prüfungsanstalten finanzierten, stand dem Bund keine Möglichkeit zur Koordination zur Verfügung. Um die Ergebnisse der Leistungsprüfung vergleichbar zu machen, mußten unbedingt einheitliche Richtlinien geschaffen werden. Diese wurden vom „Arbeitsausschuß für Mastleistungsprüfungen", der ADS erarbeitet. Der Arbeitsausschuß ist paritätisch mit Mitgliedern aus den Bundesländern, Wissenschaft und Ministerien besetzt.

Neben den Stationsprüfungen gibt es auch noch Leistungsprüfungen in den Herden, die sog. Feldprüfungen. Seit 1975 erfolgt die Zuchtleistungsprüfung der Herdbuchsauen in den Betrieben durch die Tierbesitzer selbst. Pro Jahr stehen 35 000 Sauen in der Zuchtleistungsprüfung. Die Organisation, der Landeskontrollverband, führt nur Stichprobentests durch. Auch die Eigenleistungsprüfung der Jungeber und der Jungsauen auf Lebenstagzunahme und korrigierte Rückenspeckdicke im Rahmen von Zuchtviehmärkten ist eine Feldprüfung.

7.6 Besamungsorganisationen

Das Tierzuchtgesetz regelt die Bestimmungen für die Einrichtung und den Betrieb von Besamungsstationen sowie die Verwendung von gekörten Vatertieren und das Inverkehrbringen des Spermas. Besamen dürfen Tierärzte, Besamungsbeauftragte (-techniker) und Tierhalter, die einen Besamungslehrgang absolviert haben. Die Bedeutung der künstlichen Besamung (KB) hat in den letzten 10 Jahren stark zugenommen. Vor allem in den Kreuzungsprogrammen ist über die KB ein kostengünstiger Einsatz von verschiedenen Vaterrassen möglich. Die Haltung von Ebern mehrerer Rassen in einem mittleren Betrieb wäre zu aufwendig. Dadurch würde die Realisierung von Kreuzungs- und Hybridprogrammen stark eingeschränkt. In kleinen Beständen trägt (neben organisatorischen und hygienischen Gründen) vor allem die Überlegung, sich über die KB an den Zuchtfortschritt anzubinden, zum verstärkten Einsatz bei.

In der Bundesrepublik gibt es 18 Besamungsstationen für Schweine. Mit beinahe einer halben Million Erstbesamungen im Jahre 1980 hat sich die KB rasch ausgedehnt (Tab. 20). Damit werden fast 10% aller Sauen künstlich besamt. Bayern hat mit mehr als 30% Anteil Erstbesamungen am Gesamtbestand die größte Besamungsdichte (1981).

Tabelle 20 Kennzahlen der KB in der Bundesrepublik

Jahr	Anzahl Stationen	Anzahl Erstbesamungen in 1000	Anzahl Eber
1960	1	0,35	3
1970	9	45	150
1980	18	490	780

Im Durchschnitt entfallen auf einen KB-Eber 600 Erstbesamungen pro Jahr. Die Besamungen werden mit Frischsperma durchgeführt.

7.7 Erzeugerringe

Die Entstehung der Erzeugerringe, die auf Grund der sprachlichen Ähnlichkeit der Begriffe häufig mit den Erzeugergemeinschaften verwechselt werden, liegt bereits 25 Jahre zurück. Aus der Erkenntnis heraus, daß die spezialisierte Produktion einer aktuellen Beratung bedarf, initiierte der Staat über die Landwirtschaftskammern die ersten Zusammenschlüsse dieser Art. Die Förderung der Erzeugerringe wurde in den sechziger Jahren durch Erlaß von Landwirtschaftsförderungsgesetzen (Bayern 8. 8. 1974) und mit Mitteln des Grünen Plans in die Wege geleitet.

Auch heute sind die meisten Ringe an die staatlichen Tierzuchtverwaltungen bzw. die Landwirtschaftskammern angelehnt. Dabei gibt es bei der Organisationsform der einzelnen Ringe große Unterschiede. Man findet neben den völlig eigenständigen auch solche, die in weiten Bereichen von einer Züchtervereinigung getragen werden.

Grundsätzlich handelt es sich bei Erzeugerringen (Abb. 39) um landwirtschaftliche Selbsthilfeorganisationen, die sich in erster Linie aus Mitgliederbeiträgen und aus Bundes- und Länderzuschüssen finanzieren. Dadurch sichern sie sich Unabhängigkeit und Neutralität von privatwirtschaftlichen Unternehmen. Im Endeffekt sind Erzeugerringe horizontale Zusammenschlüsse von Produzenten (i. allg. eingetragene Vereine). Dabei versteht man unter „horizontalem Zusammenschluß", daß sich Betriebe einer Produktionsebene (z. B. Schweinemäster), zusammenschließen.

Man unterscheidet zwischen Mastkontrollringen, Erzeugerringen für Ferkelerzeuger und kombinierten Ringen. Neben der reinen produktionstechnischen

	Träger	Funktion	Aufgaben und Leistungen	Ziel
Erzeugerringe	Landwirtschaftliche Selbsthilfeorganisationen	Qualifizierte neutrale Beratung	Datenerfassung Betriebszweigabrechnung Leistungskontrolle Wirtschaftlichkeitskontrolle, Kontrolle der Technik	Ertragssteigerung und Aufwandssenkung durch Verbesserung der Produktion
Erzeugergemeinschaften	Vermarktungsorganisationen	Vertragsabschluß Preisbindungsvereinbarungen	marktgerechte Zusammenfassung des Angebots, Erstellung von Lieferpartien	Erzielung höherer Erlöse durch gemeinsame Vermarktung der Produkte

Abb. 39 Erzeugerringe und Erzeugergemeinschaften

Beratung und der Steigerung der Endprodukt-Qualität übernehmen die Ringe vor allem auch die Wirtschaftlichkeitskontrolle der angeschlossenen Betriebe. Durch die Sonderauswertungen, die allgemeingültige Schlußfolgerungen ergeben, profitieren auch Nichtmitgliederbetriebe von den Erkenntnissen der Erzeugerringe.

Bis zum Jahr 1980 wuchs die Zahl der Erzeugerringe auf über 260. Etwa die Hälfte davon sind Mastkontrollringe (126). Die andere Hälfte teilt sich in 82 spezialisierte Ferkelerzeugerringe und 56 kombinierte Erzeugerringe. Von den Ringen werden 14400 Ferkelerzeugerbetriebe mit ca. 450000 kontrollierten Sauen (knapp 17% aller Sauen) und 10500 Mastbetriebe mit 3,8 Millionen erzeugten Schlachtschweinen (10,5% der Gesamtschlachtungen) betreut. Die steigende Tendenz läßt sich aus den Zuwachsraten der betreuten Tiere ablesen, die von 1979 auf 1980 bei 10% lagen. Jeder Betrieb, der dies wünscht, kann sich einem Beratungs- und Kontrollring anschließen.

Die Größe der Ringe ist recht unterschiedlich. Sie reicht von kleinen Zusammenschlüssen mit einem Kontrollassistenten und 50 Mitgliedern bis hin zu großen Einheiten mit über tausend Mitgliedern.

7.7.1 Leistungs- und Wirtschaftlichkeitskontrolle

Grundlage aller Beratungs- und Betreuungsmaßnahmen ist eine vollständige und möglichst einheitliche Datenerfassung. Die in den Betrieben erfaßten Urdaten erlauben durch den Einsatz der elektronischen Datenverarbeitung (EDV) und moderner statistischer Auswertungsmethoden sichere Aussagen und aktuelle Informationen über Leistungs- und Wirtschaftlichkeitskriterien. Die Kontrollen in den Betrieben führen die Ringleiter bzw. die Kontrollassistenten durch. Sie sind landwirtschaftlich ausgebildete Techniker mit Spezialkenntnissen auf dem Gebiet der Schweineproduktion.

Zu den Aufgaben des Assistenten zählt in Mastschweinebetrieben die Gewichtsfeststellung der Schweine, die Ermittlung des Futterverbrauchs und die Dokumentation von Zu- und Abgängen.

Die Kontrollen in der Ferkelerzeugung umfassen die Kennzeichnung von Sauen und Ferkeln, die Erfassung der Zu- und Abgänge, die Erfassung der geborenen und aufgezogenen Ferkel und die Art der Ferkelverluste.

Mit Hilfe der erfaßten Einzeldaten können sowohl für den gesamten Betrieb als auch für einzelne Betriebszweige Wirtschaftlichkeitskontrollen erarbeitet werden. Über die Deckungsbeitragsrechnung (DB) lassen sich so fundierte Erkenntnisse für die Betriebsplanung gewinnen. Jeder Betrieb erhält neben seinen eigenen Wirtschaftlichkeitskennzahlen auch diejenigen von anderen Betrieben, die unter vergleichbaren Verhältnissen produzieren. Somit hat der Betriebsleiter die Möglichkeit, seine Ergebnisse mit denen anderer Betriebsinhaber zu vergleichen. Dadurch kann er feststellen, inwieweit er mit seinen Produktions- und Wirtschaftlichkeitsleistungen konkurrenzfähig ist.

Um die Aussagefähigkeit der Betriebsvergleiche noch zu erhöhen, wird nicht nur der Gesamtdurchschnitt aller Betriebe angegeben, sondern die Auswertung enthält den Überdurchschnitt (die 25% besten Betriebe) und den Unterdurch-

Tabelle 21 Ergebnisse der Leistungs- und Wirtschaftlichkeitskontrollen in Ringbetrieben (1980)

	Ferkelerzeugung je Sau und Jahr			
	Würfe	Ferkel (aufgez.)	Kraftfutterkosten	DB
Durchschnitt der 25% besten Betriebe	2,1	18,7	847	1073
Durchschnitt der 25% schlechtesten Betriebe	1,7	14,1	836	368
Durchschnitt aller Betriebe	1,9	16,4	843	716
	Schweinemast			
	tägl. Zunahmen (g)	FVW	Verluste %	DB/dt Zuwachs
Durchschnitt der 25% besten Betriebe	593	3,35	1,6	73
Durchschnitt der 25% schlechtesten Betriebe	562	3,53	3,2	16
Durchschnitt aller Betriebe	584	3,4	2,4	43

FVW = Futterverwertung

schnitt (die 25% schlechtesten Betriebe). Diese Klassenaufteilung zeigt, welche Leistungssteigerungen in der Praxis möglich sind (Tab. 21).

7.7.2 Beratung der Mitgliedsbetriebe

Die Beratung der Mitgliedsbetriebe durch die Ringe erstreckt sich auf die Bereiche Zucht, Produktionshygiene, Produktionstechnik, Fütterung, Haltung, Gesundheit und Erzeugung marktgerechter Endprodukte. Grundlage der Beratung sind die in den Mitgliedsbetrieben und im besuchten Betrieb erhobenen Daten und die Ergebnisse der Auswertungen.

Die Beratung im Zuchtbereich umfaßt neben der Kennzeichnung der Tiere und der Durchführung der Ultraschallmessung vor allem Empfehlungen und Hilfestellung in der Jungsauenselektion und Eberbeschaffung. Auch im Haltungsbereich fallen weitreichende Beratungsleistungen an. In der Fütterung werden in Abhängigkeit von der jeweils gegebenen Marktlage auf dem Futtermittelsektor entsprechende Einkaufs- und Futterrationsempfehlungen erarbeitet.

Letztendlich erfolgt auch auf dem Gebiet der Gesunderhaltung der Schweinebestände eine Beratung durch die Erzeugerringe. Sie beschränkt sich jedoch auf Hinweise über einzuleitende Hygienemaßnahmen und die allgemeine Bedeutung der Krankheitsprophylaxe. In Bayern sind Ferkelerzeuger (Ringbetriebe) dem Gesundheitsdienst angeschlossen.

7.8 Erzeugergemeinschaften

Die Erzeugerringe, die im wesentlichen ein Beratungsinstrument für die Produktion darstellen, haben sich weitgehend zu Erzeugergemeinschaften (Abb. 39) zusammengeschlossen. Die Erzeugergemeinschaften wollen die Marktposition der Erzeuger gegenüber der (stärker konzentrierten) Abnehmerseite festigen. Die Erzeugergemeinschaften stärken in der vertikalen Integration die Position der Landwirtschaft. Geregelt sind derartige Zusammenschlüsse von Inhabern landwirtschaftlicher Betriebe im Marktstrukturgesetz von 1975. Dieses Gesetz soll der Verbesserung der landwirtschaftlichen Produktion dienen und dazu beitragen, daß nur hochwertige Produkte erstellt und vermarktet werden. Dazu zählt auch die Zusammenstellung qualitativ einheitlicher Großhandelspartien. Diese Angebote werden vom Vermarkter besser bezahlt, weil er die Kosten für die Zusammenstellung marktfähiger Partien einspart. Eine Erzeugergemeinschaft wird von der Obersten Landesbehörde anerkannt, wenn die geforderten Voraussetzungen erfüllt werden. Im einzelnen gehören dazu u. a.
die Rechtsform (Verein, Genossenschaft, Kapitalgesellschaft),
die Beschränkung der Tätigkeit auf ein bestimmtes Produkt (Ferkel, Schlachtschweine oder auch Schlachtschweine und Schlachtrinder),
die Bestimmung, daß die Mitglieder verpflichtet sind, bestimmte Erzeugungs- und Qualitätsregeln einzuhalten,
die Andienungspflicht der gesamten Produktion,
die Festlegung einer Mindestproduktionsmenge (20000 Ferkel oder Schlachtschweine, 2500 Zuchtschweine).

Im Jahre 1979 gab es 185 nach dem Marktstrukturgesetz anerkannte Erzeugergemeinschaften.

Da die Beschlüsse von Erzeugergemeinschaften nicht dem Kartellgesetz unterliegen, können Preisabsprachen getroffen und die Märkte regional oder zeitlich aufgeteilt werden. Die Vermarktung der Erzeugnisse wird durch Zusammenfassung des Angebots vereinheitlicht.

Neben einzelnen Erzeugergemeinschaften gibt es auch noch Zusammenschlüsse von Erzeugergemeinschaften und vertragliche Bindungen zwischen Erzeugergemeinschaften und Wirtschaftsunternehmen.

7.9 Sonstige Fördermaßnahmen

Ein traditionell großes Engagement zeigt der Staat – neben anderen Maßnahmen – in der direkten Beratung von Schweineproduzenten. Beratungsgrundlage sind die Forschungsergebnisse von wissenschaftlichen Instituten an Hochschulen und Universitäten sowie die theoretischen und praktischen Kenntnisse der staatlichen Beratungskräfte. Die Durchführung der Beratung obliegt den Angehörigen der Tierzucht- und Landwirtschaftsämter, die zum einen Vortragsveranstaltungen abhalten und andererseits zu Spezialfragen von einzelnen Betriebsinhabern Stellung nehmen.

Während sich die Beratung durch die Ämter vorwiegend auf die Bereiche Haltung, Fütterung und Züchtung konzentriert, dient der gesundheitlichen Überwachung und Beratung eine andere Einrichtung, nämlich der Schweinegesundheitsdienst (SGD). In fast allen Bundesländern wurden Schweinegesundheitsdienste gegründet.

Die Hauptaufgabe des SGD ist die gesundheitliche Kontrolle und Beratung von Zucht- und Mastbetrieben:

Die Kontrolle, ob Zucht- oder Ferkelerzeugerbetriebe frei sind von chronischen Bestandserkrankungen (Ausstellung eines Gesundheitszeugnisses) und die Beratung der Betriebsinhaber bei der Durchführung von Hygiene-, Sanierungs- und Prophylaxeprogrammen.

Als Bindeglied zwischen Wissenschaft und Praxis spielt die Deutsche Gesellschaft für Züchtungskunde (DGfZ) eine wichtige Rolle, da sie die Übertragung wissenschaftlicher Erkenntnisse in die Praxis vorantreibt und unterstützt. Auch die Deutsche Landwirtschafts-Gesellschaft (DLG) fördert durch Ausrichtung von Tierschauen die Schweinezucht.

Die Bundesländer stellen zur Förderung der Schweineproduktion zusätzliche Mittel zur Verfügung, die den Tierbesitzern in Form von Zuschüssen, Beihilfen oder Prämien gewährt werden. So wird der Ankauf von bestimmten Zuchtebern für die Herdbuchzucht oder von Zuchtsauen für den Aufbau von Hybridzuchtprogrammen unterstützt. Auch die Prüfung von Zuchttieren, die Seuchenabwehr und die Durchführung baulicher Maßnahmen wird gefördert, soweit die zur Verfügung stehenden Mittel dies zulassen.

8 Wirtschaftlichkeit in der Schweineproduktion

8.1 Betriebsformen der Schweineproduktion

Im Rahmen der arbeitsteiligen Schweineproduktion haben sich mehrere Nutzungsrichtungen bzw. Betriebsformen herausgebildet. Prinzipiell unterscheidet man zwischen

- Herdbuchbetrieben
- Hybridzuchtbetrieben
- Ferkelerzeugerbetrieben
- Kombinierten Betrieben = Mastbetriebe ohne Ferkelzukauf
- Mastbetrieb mit Ferkelzukauf.

Lediglich der reine Mastbetrieb verzichtet gänzlich auf eine eigene Zuchtsauenhaltung. Dafür halten die ersten zwei Betriebsformen keine Mastschweine, sondern sind direkt oder indirekt Zulieferer für die Mast. Die kombinierten Betriebe mit ihrem geschlossenen System findet man nicht nur bei kleinbäuerlicher Betriebsstruktur, sondern auch in großen Produktionseinheiten. Die hygienischen Vorteile der Verminderung des Krankheitsrisikos werden offensichtlich stärker bewertet als ein hohes Maß an Arbeitsteilung.

8.1.1 Herdbuchbetriebe

Die Herdbuchzucht ist der Träger des Zuchtfortschrittes. Das Ziel der Herdbuchbetriebe ist die Produktion und der Verkauf von Jungebern und -sauen zur Zucht. Die an die Produkte gestellten hohen Anforderungen werden von Intensivhaltungen meist nicht gewährleistet. Auf Grund der speziellen Zielsetzung kann sich nur der Teil der Betriebe in der Reinzucht halten, der eine entsprechende gute Zuchtgrundlage aufweist. Der Herdbuchbetrieb ist sehr arbeitsintensiv, da trotz großer technischer Neuerungen viele manuelle Sonderarbeiten anfallen. Deshalb findet man in der Reinzucht häufig kleinere Betriebe mit begrenztem Produktionsumfang. Das Engagement und die Kenntnisse des Betriebsinhabers sind eigentlich die entscheidenden Produktionsfaktoren. Herdbuchzüchter erzielen im Rahmen der konventionellen Schweineproduktion pro verkauftes Tier die höchsten Einzeltierpreise.

Die Mitglieder der Züchtervereinigungen bezeichnet man als Herdbuchzüchter.

8.1.2 Hybridzuchtbetriebe

Die Hybridzuchtprogramme stellen nicht nur große Anforderungen an die züchterischen Aufgaben und die mit dem Programm verknüpften gesundheitlichen Maßnahmen, sondern erfordern ein hohes Maß an Integrationsbereitschaft der beteiligten Betriebe und eine äußerst straffe Organisation.

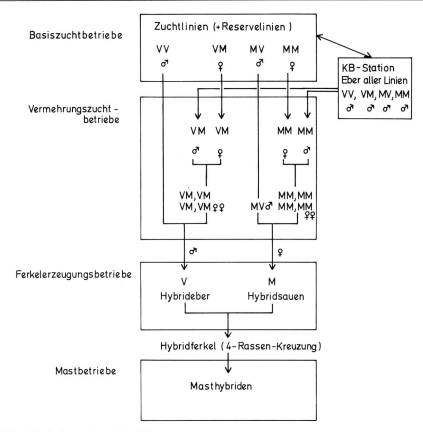

Abb. 40 Aufbau eines Hybridprogrammes

Linienvermehrung, Erzeugung von Elterntieren und die Hybridferkelproduktion erfolgen auf verschiedenen, hintereinander angeordneten Produktionsstufen. Einen Eindruck über den möglichen Produktionsablauf eines Hybridzuchtprogrammes gibt Abb. 40. Basiszucht-, Vermehrungszucht- und Ferkelzeugungsbetriebe sind obligatorisch in den Gesellschafterorganisationen zusammengefaßt, während die Mastbetriebe auch extern sein können. Die Möglichkeiten der Erhöhung der Wirtschaftlichkeit der Schweineproduktion durch das Hybridzuchtprogramm können nur durch eine straffe Organisationsstruktur voll ausgeschöpft werden. Da sich die Leistungssteigerung erst beim Verkauf des Endproduktes ökonomisch realisiert, muß der Mehrgewinn über den Preis des Hybridferkels auf die vorangegangenen Produktionsstufen durch feste Verrechnungseinheiten verteilt werden.

8.1.3 Ferkelerzeugerbetriebe

Die Ferkelerzeugung hat sich als eigenständiger Betriebszweig erst in den letzten zwanzig Jahren entwickelt. Abgesehen von der Verbesserung der hygienischen und haltungstechnischen Bedingungen haben vor allem die anhaltend guten Ferkelpreise dazu beigetragen, daß der Ferkelerzeugung eine immer größere Bedeutung im Rahmen der Arbeitsteilung der Schweineproduktion zufällt. Von großem Vorteil für kleinere Betriebe ist sicherlich die absolute Flächenunabhängigkeit dieser relativ arbeitsintensiven Produktionsform. Sie bietet den Betriebsleitern die Möglichkeit, sich mit geringerem Kapitaleinsatz als in der Schweinemast eine ausreichende Produktionsbasis zu schaffen.

8.1.4 Kombinierte Betriebe

Eine Sonderstellung nehmen die kombinierten Betriebe ein. Sie vereinen Ferkelproduktion und Mast in einem Betrieb. Vorteile dieser Form sind die Kenntnis der Qualität und des Gesundheitszustandes der Ferkel, die Vermeidung einer Umstellung und eventuell die Ausnutzung des kompensatorischen Wachstums. Nachteilig sind die pro Betriebszweig geringeren Tierzahlen und damit die größeren Schwierigkeiten bei der Einführung neuer Verfahren. Wirtschaftlich kommt der Wegfall der Transportkosten der Ferkel, der geringere Kapitalbedarf für die Tierbeschaffung und die größere Anpassungsfähigkeit an die jeweilige Marktlage zum Tragen.

8.1.5 Mastbetriebe

Die wirtschaftliche Mastschweinehaltung ist gekennzeichnet durch hohe Arbeitsproduktivität und Minimierung des Faktoreinsatzes (vgl. 8.2). Der erforderliche hohe Kapitaleinsatz macht die Mast zum kapitalintensivsten Produktionszweig in der Schweinehaltung, wenn man den erzielbaren Deckungsbeitrag als Bezugsgröße wählt. Der enge Zusammenhang zwischen Arbeitsersparnis durch Kapitaleinsatz und relativer Verbilligung der Baumaßnahmen durch größere Betriebseinheiten führte zwangsläufig vermehrt zur Errichtung von Intensivtierhaltungen mit mehreren Hunderten von Mastschweinen. Die geringen Deckungsbeträge pro Mastschwein erzwingen eine optimale Abstimmung der Produktionstechnik.

8.2 Betriebswirtschaftliche Grundbegriffe

Variable (veränderliche) Kosten sind produktionsabhängige Kosten. Sie entstehen nur dann, wenn produziert wird und sind direkt abhängig von der produzierten Menge. So sind die Kosten für Tiermaterial, Futter und Energie immer variable Kosten. Fixe (feste) Kosten sind Kosten, die unabhängig davon, ob produziert wird oder nicht, sowieso entstehen. Sie werden nur in der Vollkostenrechnung berücksichtigt. Die Kosten für Gebäude, Maschinen oder Arbeit können in Abhängigkeit von den betrieblichen Gegebenheiten entweder zu den fixen oder den variablen Kosten gezählt werden. Beispielsweise verursachen vorhandene Altgebäude Fixkosten, deren Umbau und Einrichtung für die Schweineproduktion dagegen variable Kosten.

Die ökonomische Bewertung der tierischen Produktion erfolgt in aller Regel durch eine Teilkostenrechnung (Abb. 41), bei der man die Differenz aus

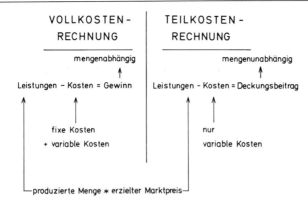

Abb. 41 Teil- und Vollkostenrechnung

Marktleistungen und proportionalen Spezialkosten (variable Kosten) errechnet. Die Teilkostenrechnung wird üblicherweise als Deckungsbeitragsrechnung bezeichnet.

Der Deckungsbeitrag steht zur Deckung der Festkosten (Lohnanspruch, Abschreibungen, Zinsen usw.) zur Verfügung. Der eigentliche Betriebsgewinn ist der Überschuß des Deckungsbeitrages über die Festkosten. Setzt man den Deckungsbeitrag in Beziehung zu einem der eingesetzten Faktoren, so erhält man die Faktorverwertung, also den erzielten Deckungsbeitrag in Geldeinheiten pro eingesetztem Produktionsfaktor. In der Schweineproduktion berechnet man den Deckungsbeitrag pro Stallplatzeinheit und Jahr. Mit Hilfe der gefundenen Faktorverwertung kann man die Rentabilität einzelner Betriebszweige – relativ zueinander gesehen – beurteilen und vergleichen.

Bestehen für die Verwendung einzelner Betriebsfaktoren alternative Einsatzmöglichkeiten, so können Nutzungskosten entstehen. Unter diesen Nutzungskosten versteht man den entgangenen Gewinn, der durch den Einsatz eines Faktors in der gewählten statt in einer alternativen Produktionsrichtung entsteht.

Der Begriff Grenzkosten wird verwendet, wenn betriebliche Entscheidungen über die Höhe des Einsatzes eines bestimmten Produktionsfaktors getroffen werden müssen. Am wirtschaftlichsten ist die Einsatzhöhe dann, wenn die Kosten für die letzte zusätzliche Einheit des Produktionsfaktors (Grenzkosten) dem durch diesen Einsatz erzielbaren Ertrag (Grenzertrag) entsprechen.

8.3 Ökonomische Leistungsmerkmale

8.3.1 Ferkelproduktion

Die Leistungsfaktoren, die die Wirtschaftlichkeit von Zuchtsauenbetrieben stark beeinflussen, sind

- die Anzahl der aufgezogenen Ferkel pro Jahr
- das Verkaufsgewicht und die Qualität der Ferkel sowie
- die Nutzungsdauer der Sau.

Die Anzahl verkaufter Ferkel pro Sau und Jahr ist abhängig von der Zahl der Würfe pro Jahr, der Anzahl geborener Ferkel pro Wurf, der Höhe der Aufzuchtverluste und der Nutzungsdauer der Sauen (eine kurze Nutzungsdauer bedingt einen höheren Anteil an Erstlingssauen, die eine kleinere Wurfgröße haben). Da ein zusätzlich aufgezogenes und verkauftes Ferkel einen Grenzgewinn von 60 DM darstellt, rentieren sich auch aufwendigere Investitionen und einiges an Mehrarbeit für die Betreuung der Ferkel, wenn dadurch ein besseres Aufzuchtergebnis erzielt wird.

Neben der Vergrößerung der Zahl der geborenen Ferkel pro Wurf ist die Verkürzung der Zwischenwurfzeit die naheliegendste Möglichkeit zur Erhöhung der Ferkelproduktion pro Sau und Jahr. Entgegen der früher häufig vertretenen Meinung, die Erhöhung der Wurffolge würde die Zahl der Ferkel pro Wurf und damit die Wirtschaftlichkeit der Ferkelproduktion deutlich verringern, sprechen neuere Untersuchungen. Es hat sich nämlich gezeigt, daß bis zu einer Wurffolge von 2,3 Würfen pro Sau und Jahr die Zahl der dabei aufgezogenen Ferkel noch zur Verbesserung der ökonomischen Situation ausreicht.

Jeder Tag, um den die Zwischenwurfzeit näher an den Richtwert von 160 Tagen herangebracht wird, bringt einen Mehrgewinn von etwa 5 DM. Demzufolge bedeutet ein einmaliges Umrauschen der Sau bereits einen wirtschaftlichen Verlust in der Größenordnung von 100 DM.

Obwohl Ferkel teilweise bereits mit einem Gewicht von 15 kg auf den Markt kommen, ist es für den Produzenten günstiger, Verkaufsgewichte im Lebendgewichtbereich von 23 bis 28 kg anzustreben.

Die Qualität der gehandelten Ferkel spielt für die Preisgestaltung eine immer größere Rolle. Wüchsige Mastferkel aus Reinzucht- und Gebrauchskreuzungsprogrammen werden teurer bezahlt. Für Hybridferkel müssen sowieso Zuschläge pro Ferkel in Höhe von 10 bis 20 DM gezahlt werden.

Die Aufzuchtleistung von Sauen steigt bis zum 4. Wurf an, um dann wieder langsam abzusinken. Optimal scheint eine Nutzungsdauer von 6 bis 8 Würfen, also 3 bis 4 Jahren, zu sein. Leider scheiden die meisten Sauen z. Z. noch mit wesentlich weniger Würfen aus der Produktion aus, die Nutzungsdauer der Sauen ist rückläufig. Der ökonomische Verlust ist jedoch nicht so gravierend wie etwa bei der Verringerung der Aufzuchtleistung. In Spitzenzuchtbetrieben kann es durchaus auch ökonomisch vertretbar sein, ältere Sauen zur Verkürzung des Generationsintervalls und damit zur Steigerung des Zuchtfortschritts auf Grund ihres Alters zu merzen.

8.3.2 Schweinemast

In der Schweinemast tritt anders als in der Ferkelproduktion weniger das einzelne Tier und seine Leistung in das Blickfeld der betriebswirtschaftlichen Betrachtungen. Vielmehr ist es hauptsächlich von Interesse, ob die einzelnen Mastgruppen als Einheit den ökonomischen Erfordernissen genügen. Der hohe Kapitaleinsatz und das damit verbundene Risiko machen eine laufende Betriebsdatenerfassung und -auswertung erforderlich, denn nur gutes „Informiertsein" gestattet es dem Betriebsinhaber, negative Entwicklungen rechtzeitig zu erkennen und zu korrigieren. Bei den intensiven Tierhaltungssystemen, wie sie immer mehr Eingang in die Praxis finden, können bereits kleine Fehler im Detailbereich zu schwerwiegenden Produktionsstörungen und Gewinneinbußen führen. Vor allem die neuzeitlichen Formen der Mastschweinehaltung, in denen häufig nur ein Gewinn von 5% des Umsatzes und weniger realisierbar ist, dulden keine produktionstechnischen Nachlässigkeiten.

Die wichtigsten Leistungsmerkmale in der Schweinemast sind die
- Mastleistung und die
- Schlachtleistung.

Vor allem der Zusammenhang zwischen Futterkosten und Wachstumsverlauf beeinflußt die Rentabilität der Produktion. Auf Betriebsbasis fällt eine Reihe von Daten an, die zu Leistungskriterien verarbeitet werden können:

1. Zuwachs in der Mastperiode
= Differenz von Gesamtverkaufs- und Zukaufsgewichten (aus Abrechnungsbelegen) einschließlich der vorzeitig ausgeschiedenen Tiere. Bei eigener Ferkelproduktion gilt als Bezugsgröße das Gewicht beim Umstallen in den Mastbereich.

2. Verluste
= Totalausfälle (verendete oder notgetötete Tiere) und Teilverluste (Not- oder Krankschlachtung mit anschließender Verwertung über die Freibank). Der durchschnittliche Gesamtverlust in Höhe von 2% reduziert den Ertrag pro Schwein um 5,- DM.

3. Schlachtleistung
= Handelsklasseneinteilung (ein gewichtiger Bestimmungsfaktor des Verkaufserlöses). Eine Anhebung des Durchschnittes der Handelsklasseneinstufung um 1 Klasse bringt einen Mehrgewinn von etwa 30 DM pro Mastschwein. Langfristig gesehen wird es jedoch wegen der Verschlechterung der Fleischqualität (die mit Steigerung des Anteils von Klasse E Schweinen stark zunimmt) sinnvoller sein, auf ein gutes Handelsklassensortiment hinzuarbeiten.

Als Ziel der rentabilitätsorientierten Schweinemast lassen sich folgende Kriterien formulieren:

- Mastdauer 120 Tage mit
- täglichen Zunahmen von mehr als 650 g
- einer Futterverwertung unter 3.4 und einem
- Handelsklassenanteil E und I von mehr als 50%.

Literatur

Arbeitsgemeinschaft Deutscher Schweineerzeuger: Schweineproduktion 1980 in der Bundesrepublik Deutschland, ADS und AID, Bonn 1981
Arbeitsgemeinschaft Deutscher Schweineerzeuger: Organisierte Schweineproduktion. Schweinezucht und Schweinemast, 6 (1981) 182–149
Averdunk, G., P. Glodeck, E. Groeneveld, W. Peschke: Der Index für die Körung von Ebern. Schweinezucht und Schweinemast, 12 (1979) 412–420
Blanken, G.: Entmisten – mechanisch. AID-Broschüre, 374 (1974)
Blanken, G., u. a.: Produktionsverfahren in der Ferkelerzeugung. KTBL-Schrift 166, KTBL-Schriften-Vertrieb, Hiltrup 1973
Blendl, H.-M. u. Mitarb.: Produktionsverfahren in der Schweinemast. KTBL-Flugschrift 21. Neureuter, Wolfratshausen 1970
Büenfeld, V., W. Schmidt: Schweine besser und rentabler füttern. Landwirtschaftsverlag, Münster-Hiltrup 1976
Burgstaller, G.: Praktische Schweinefütterung. Ulmer, Stuttgart 1981
Comberg, G.: Schweinezucht. Ulmer, Stuttgart 1978
Comberg, G., J. K. Hinrichsen (Hrsg.): Tierhaltungslehre. Ulmer, Stuttgart 1974
Comberg, G. (Hrsg.): Tierzüchtungslehre. 3. Aufl. Ulmer, Stuttgart 1980
DIN-Vorschrift 18910, 1974: Klima in geschlossenen Ställen. Wasserdampf- und Wärmehaushalt im Winter, Lüftung, Beleuchtung.
DLG-Archiv: Spezialisierte Schweineerzeugung – eine Zwischenbilanz. Bd. 53. DLG-Verlag, Frankfurt 1974
Drawer, K.: Tierschutz in Deutschland. Schmidt-Römhild, Lübeck 1980
Dürrwaechter, L.: Züchtungsfibel. BLV-Verlag, München/Basel/Wien 1962
Eichhorn, H., H. Van den Weghe, u. a.: Neue Haltungsformen in der Ferkelproduktion. KTBL-Schrift 227. KTBL-Schriften-Vertrieb, Münster – Hiltrup 1978
Franck, J.: Schweinezucht und Schweinehaltung. BLV-Verlagsgesellschaft, München/Bonn/Wien 1959
Geldermann, H.: Schweinezucht in den 80er Jahren. Schweinewelt (1981) 184–185
Glodeck, P.: Leistungsangebot der Schweineerzeugerringe für die allgemeine Schweinefachberatung in der Bundesrepublik. Der Tierzüchter, 10 (1981) 412–415
Gravert, H.-O., R. Waßmuth, J. H. Weniger: Einführung in die Züchtung, Fütterung und Haltung landwirtschaftlicher Nutztiere. Parey, Hamburg und Berlin 1979
Hammond, J., I. Johansson, F. Haring: Handbuch der Tierzüchtung, Bd. III, Rassenkunde. Parey, Hamburg und Berlin 1961
Herbst, K.: Entwicklung, Stand und Perspektiven der Schweineproduktion in der Bundesrepublik Deutschland. Züchtungskunde, Bd. 52. Ulmer, Stuttgart 1980
Hülsenberger Gespräche: Probleme der Ferkelproduktion. VTN, Hamburg 1978
Kaun, R.: Handbuch der intensiven Schweinehaltung. Stocker, Graz und Stuttgart
Koll, F.: Schweine- und Geflügelställe. 2. Aufl. Stocker, Graz und Stuttgart 1978
Koller, G., K. Hammer, B. Mittrach, M. Süss: Handbuch für landwirtschaftliches Bauen 2 – Schweineställe. BLV-Verlagsgesellschaft, München 1981
Kückelhaus, R., J. Dörfler (Hrsg.): Tierische Erzeugung Teil C, Schweine, Hühner. In: Die Landwirtschaft, Bd. 2. Landwirtschaftsverlag, Münster 1977
Lampe, J., W. Richarz: Betriebswirtschaftliche Situation der Schweinehaltung in den 80er Jahren. Schweinewelt (1981) 202–209
Leiber, F.: Vertikale Integration in der Schweinefleischproduktion. KTBL-Schrift 172. KTBL-Schriften-Vertrieb, Hiltrup 1973
Lorenz, J.: Einstreulose Ferkelerzeugung. KTBL-Schrift 255. KTBL-Schriften-Vertrieb, Münster-Hiltrup 1981
MAK-Werte: Maximale Arbeitsplatz-Konzentration gesundheitsschädlicher Stoffe, Kommission zur Prüfung gesundheitsschädlicher Arbeitsstoffe der Deutschen Forschungsgemeinschaft, Mitteilung X. 1974

Neundorf, R., H. Seidel: Schweinekrankheiten. Enke, Stuttgart 1977
Ober, J., H. M. Blendl: Schweineställe – Planung, Bau, Einrichtung. BLV-Verlag, München/Basel/Berlin 1969
Pelhak, J.: Tierzuchtrecht in Bayern. Kommunalschriften-Verlag J. Jehle, München 1979
Peschke, W., G. Averdunk, J. Fußeder: Die Indexberechnung beim Schwein. Schule und Beratung, Sonderdruck, Bayer. Staatsministerium für Ernährung, Landwirtschaft und Forsten (Hrsg.), München 1981
Porzig, E.: Das Verhalten landwirtschaftlicher Nutztiere. VEB Deutscher Landwirtschaftsverlag, Berlin 1969
Probst, F.-W.: Entwicklungstendenzen auf dem Schlachtschweinemarkt. Der Tierzüchter (1981) 200–207.
Reisch, E., J. Zeddies: Einführung in die landwirtschaftliche Betriebslehre, Spezieller Teil. Ulmer, Stuttgart 1977
Ritze, W.: Schweine – Zucht, Haltung, Fütterung. Deutscher Landwirtschaftsverlag, Berlin 1964
Sambraus, H. H.: Nutztierethologie. Parey, Berlin und Hamburg 1978
Scheunert, A., A. Trautmann: Lehrbuch der Veterinär-Physiologie. Parey, Berlin und Hamburg 1965
Schmidt, J., J. Kliesch, V. Goerttler: Lehrbuch der Schweinezucht. Parey, Berlin und Hamburg 1956
Schmidt, L.: Schweinebesamung in Bayern. Schweinezucht und Schweinemast, 10 (1981) 350–351
Schmidt, L.: Schweineproduktion. 2. Aufl. DLG-Verlag, Frankfurt 1978
Schwark, H.-J., Z. Zebrowskt, V. N. Ovsjannikov: Internationales Handbuch der Tierproduktion – Schweine. Deutscher Landwirtschaftsverlag, Berlin 1975
Schweer, H.: Bäuerliche Organisation für Hybridzüchtung beim Schwein. Hohenheimer Arbeiten, Tierische Produktion, Heft 102, hrsg. von *Scholtyssek, S.,* Ulmer, Stuttgart 1979
Simon, D. L., J. Harbeck, J. Otto: Zuchtwertschätzung und Körung von Ebern. Schweinezucht und Schweinemast, 8 (1978) 290–294
Steffen, G., B. Lohmann: Betriebswirtschaft der Schweineproduktion. Parey, Hamburg und Berlin 1971
Tierschutzgesetz (TierSchG.) vom 24. Juli 1972, Bundesgesetzblatt Teil I, Nr. 74 vom 29. Juli 1972
Verordnung zum Schutz von Schweinen bei Stallhaltung (Schweinehaltungsverordnung) – Entwurf vom 19. 9. 1980
Vogt, C.: Ferkelerzeugung und Schweinemast. Ulmer, Stuttgart 1977
Whittemore, Colin T.: Pig Production. The scientific and practical principles (Longman handbooks in agriculture). Longman, London and New York 1980
Wolfermann, H. F., H. v. d. Weghe: Stallklima und Stallüftung. AID-Broschüre 235 (1975)
Zeeck, Chr.: Gegenwärtiges Leistungsangebot deutscher Erzeugerringe für ihre Mitgliedsbetriebe und künftige Ausbaumöglichkeiten. Der Tierzüchter, 10 (1981) 409–412

Register

ABC-Programm 95
Abferkelbucht 62, 65, 72f, 87
Abferkelrate 29
Abferkelstall 58, 71, 73
Abluft 56ff, 90, 91
Absatzbedingungen 6
Absatzlage 10
Absatzpreis 7
Absatzveranstaltungen 7
Absatzwege 6
Abschreibung 105
Absetzen 9
Abstammung 8
Abstammungsbewertung 35
Abstammungslehre 8
Abstammungsnachweis 28, 32, 92, 94
Abweichung 32, 34
Abweichung, phänotypische 37
Afterklaue 20
Aktinomykose 23
Alleinfutter 46, 49f, 63
Allesfresser 8, 38
Allgemeinbefinden 20
Altgebäude 66
Aminosäure 40ff, 45, 49
–, essentielle 42
–, limitierende 42
Aminosäurepool 41
Ammoniak 53f, 89
Amylase 40
Anbindehaltung 65, 71ff
Anbindestand 72
Andienungspflicht 100
Angebotsschwankungen 3f
Ankunftsalter 31
Ankunftsgewicht 31
Anogenitalregion 86
Anstauverfahren 68, 70
Anteil wertvoller Teilstücke 33f
Arbeitsgang 74, 90
Arbeitsgemeinschaft Deutscher Schweineerzeuger (ADS) 32, 93
– – Tierzüchter (ADT) 93
Arbeitskapazität 3
Arbeitsplatzkonzentration, maximale 54
Arbeitsproduktivität 104
Arginin 42
Aufstallung 51, 72, 89
–, Dänische 65f, 73ff
Auftrittsbreite 87
Aufzucht, mutterlose 81
Aufzuchtleistung 28, 33, 84, 106

Aufzuchtverlust 80, 106
Aujeszkysche Krankheit 80
Auktion 30, 94
Ausfuhrsperre 11
Ausgangslinie 26
Auslauf 80
Außenschinken 21, 23
Automatenfütterung 50, 62
Avitaminose 44

Baconschwein 12
Basiszuchtbetrieb 103
Bauchbeschaffenheit 31
Bauchspeicheldrüse 38, 40
Baustoffwechsel 41
Becken 20f, 23
Beckentränke 62
Beförderungsverbot 88
Behaglichkeitstemperatur 53
Beißtränke 63
Belegdichte 68, 88
Beleuchtung 54, 87
Bemuskelung 21ff, 30
Beruhigungsmittel 83
Besamung, künstliche 24, 29, 96
Besamungsbeauftragter 96
Besamungsdichte 96
Besamungseber 37
Besamungsstation 93, 96
Bestandsbetreuung, tierärztliche 76, 81f
Bestandsdichte 89
Bestandsgröße 1ff, 80, 89
Betäubungsvorschriften 87
Betreuungsvertrag 82
Betrieb, kombinierter 102, 104
Betriebsablauf 78
Betriebsergebnis 5
Betriebsgewinn 105
Betriebsgröße 1f
Betriebsoptimum 76
Betriebsvergleich 27
Betriebssystem, geschlossenes 77, 102
–, offenes 77
–, traditionelles 77
Betriebszweig 97, 104
Bewertungsgrundlage 20
Binneneber 23
Biotin 45
Blindzitzen 21, 23
Blutarmut 43
Blutgruppenuntersuchung 31
Bodenfütterung 62

Borsten 9, 12, 15, 18, 22
Borstensaum 9
Brache 9
Brunstrate 29
Brustgurt 85
Bruttobedarf 43
Bruttoenergie 41
Buchten 61
Buchtenfläche 90
Buchtentrennwand 74
Buchtentür 62, 72
Bundeshybridzuchtprogramm 26, 95
Bundesimmissionsschutzgesetz (BImSchG) 89

Calcium 43 f
Carnivor 38
Chlor 43
Cholin 45
Cobalamin 45
Coliruhr 80
Corn-Cob-Mix 50, 63 f, 89
Cumarin 79

Dämmplatte 61
Dampfdurchlässigkeit 59
Darmflora 41
Datenerfassung 97 f, 106
Datenverarbeitung, elektronische – EDV 98, 106
Deckreife 30
Deckungsbeitrag 98 f, 104 f
Deckzentrum 71
Deklaration 47 f
Desinfektion 78 f
Desinfektion, chemische 91
Deutsche Gesellschaft für Züchtungskunde – DGfZ 101
Deutsche Landwirtschafts-Gesellschaft – DLG 101
Diagnostik 83
Direktabsatz 6
Domestikationszentrum 8
Dominanz 35
Drahtwendelförderer 64
Dreifelderwirtschaft 9
Dreirassenkreuzung 25 f
Druckplattentränke 63
Dunggrube 69
Dunkelhaltung 54
Durchschnitt, gleitender 32
Durchschnittspreis 7

Eber, Eigenleistungsprüfung 95
–, Körung 20, 29
–, Mutter 29
–, Rasse 25
Echolot 30

Echtes Schwein – Sus 8
Eigenleistung 30, 35, 37
Eigenleistungsprüfung 27, 29 ff, 96
Einstreu 52, 65, 88 f
Einzelbucht 88
Einzelfreßstand 71, 86 f
Einzelfuttermittel 49
Einzelhaltung 52, 66, 72
Einzeltierpreise 102
Einzelzuchtwert 36
Eisen 43
Eiseninjektion 83
Eisenmangelanämie 43
Eiweiß 40, 45
–, pflanzliches 45
Eiweißstoffwechsel 42, 45
Ektoparasiten 77
Embryotransfer 81
Endgewicht 32
Endprodukt 24 ff, 32
Energie 41, 49, 104
Energiebewertung 47
Energiedichte 40
Energiemeßzahl Schwein 48
Energiestoffwechsel 45
Energie, umsetzbare 49
Energiezahl Schwein 48 f
Entmistungsverfahren 51, 65
Entwesung 78
Entwurmungsmittel 83
Enzootische Pneumonie – Ferkelgrippe 80
Epistasie 35
Epithelschutzvitamin 44
Erbanlagen 25
Erbfehler-Merkmalsträger 20
Erblichkeit 28, 36
Erbmaterial 80
Erdrücken der Ferkel 87
Ergänzungsfutter 49 f
Erhaltungsinteresse 86
Erscheinungsbild, äußeres 35
Erstbesamung 29, 96 f
Erstlingssau 96
Ertragssteigerung 97
Erzeugergemeinschaften 6, 97, 100
Erzeugerring 84, 93, 97 f
–, kombinierter 98
Estrich 60 f
Exkremente 89
Explorationsbedürfnis 85
Exportsperre 12
Exterieur 8, 23

Faktoreinsatz 104
Faktorenkrankheit 78
Faktorverwertung 105
Falschluftströmung 55

Faltschieber 66 f
Feldfutterbau 9
Feldprüfung 28 f, 96
Ferkel pro Sau 106
Ferkel 72
–, aufgezogen 24, 27 ff, 33, 98 f, 105
Ferkelaufkommen 5
Ferkelaufstallung 61
Ferkelaufzuchtfutter 50
Ferkelerzeuger 25, 77
Ferkelerzeugerbetrieb 33, 80, 102 f
Ferkel, geboren 24, 27 ff, 98, 106
Ferkelgrippe 80
Ferkel, lebend 28
Ferkelnest 58
Ferkelpreis 6
Ferkelproduktion 6, 105 f
Ferkeltränke 72
Ferkeltrog 72
Ferkelüberschuß 3
Ferkelveranda 73
Ferkelverluste 28, 71, 98
Ferkelzukauf 102
Ferse 20
Fertigfutter 50
Fertigstall 59
Fessel 20 f
Festmist 65, 67 f, 89, 91
Festpreis 95
Fett 40 f, 45
Fettablagerungen 9, 22
Fettansatz 10
Fettbildungsvermögen 11
Fettfläche 31
Fettgehalt 48
Fettnachfrage 12
Fettschwein 11
Fettstoffwechsel 45
Feuchtgetreide 63
Fischmehl 89
Flächenunabhängigkeit 104
Flatdeck 58, 70, 72 f
Fleischanteile 26
Fleischbeschaffenheit 31, 33
Fleischbildungsvermögen 15
Fleisch-Fett-Verhältnis 15, 27, 31 f, 34
Fleischfülle 12, 18, 22, 27
Fleischhelligkeit 15, 33
Fleischleistung 15, 93
Fleischqualität 6, 15, 18, 22, 24, 27, 107
Fleischschwein 12, 15, 20, 22 f
Fleischwarenfabrik 6
Fließmist 68 f
Flüssigbehälter 90
Flüssigfütterung 63 f
Flüssigmist 65, 68, 88 f, 91
–, Lagerung 70, 90

Fluor 43
Folsäure 45
Fortpflanzungsleistung 54, 84
Freibank 107
Freßliegebox 71
Freßplatz 62, 73
Friedländer-System 73
Frischluft 55, 91
Frischluftverteilung 56
Frischluftzuführung 57
Fruchtbarkeit 15, 18, 24 f, 33, 44
Fruchtbarkeitsleistung 15, 18, 25, 28, 80
Fruchttod 44
Frühabsetzen 28, 50
Fülleitung 71
Fütterung, ad libitum 50, 72
–, kombinierte 50, 63
–, limitiert 50
–, rationiert 72
Fütterungsanlage 64
Fütterungsarzneimittel 83
Fütterungstechnik 63, 72
Fütterungsverfahren 51, 63
Fundusdrüsenzone 40
Futteraufnahme 40, 47, 49, 85 f
Futteraufwand 31
Futterautomat 64 f
Futterenergie 52
Futtergang 73
Futtergrundlage 9
Futterhygiene 79
Futterkonsistenz 72, 85
Futterkosten 107
Futtermischung 64, 83
Futtermittel 38, 46 f, 64
Futtermittelbewertung 42, 46
Futtermittelgesetz 47, 83
Futterration 27, 64
Futtersignal 86
Futtertrockensubstanz 45
Futtertrog 62
Futterverbrauch 98
Futterverlust 62
Futterverwertung 15, 27, 29–34, 52, 64, 80, 99
Futterwagen 63 f
Futterzubereitung 63
Futterzuteilung 64, 72

Ganzrostboden 73
Gaskonzentration 51, 54
Gasspürgerät nach Draeger 89
Gasstrahler 58
Gasverschluß 69
Gebärmutter 41
Gebrauchseigenschaft 9
Gebrauchskreuzung 25, 29, 106
Geburt 9, 81, 88

Gelenke, aufgetriebene 23
Gemengeteil 47f
Genauigkeit der Zuchtwertschätzung 35ff
Generation 24
Generationsintervall 35, 106
Genmaterial 12
Genotyp 34
Genwirkungen, additive 35
Geruchsbelästigung 56, 89ff
Geruchsverschluß 54, 56, 69, 90
Gesäuge 20f, 23, 41
Gesamteindruck 20
Gesamtfleischverbrauch 1
Gesamtnährstoff 47
Gesamtproduktionswert 6
Gesamtzuchtwert 33, 36f, 92
Geschlachtetvermarktung 6
Geschlechtscharakter 22
Geschwisterprüfung 27, 29ff, 35ff, 95
Gesundheitsstatus 22, 76, 83f
Gesundheitszeugnis 22, 80 101
Gewässerverunreinigung 91
Gewichtsfeststellung 98
Gewinn 107
Gitter 73
Gitterrostboden 73
Gleichdruckbelüftungsanlage 57, 58
Glycerin 40
Göfo-Wert 15, 30–33
Grenzertrag 105
Grenzgewinn 106
Grenzkosten 105
Grenznutzen 33, 37
Grimmdarm 39
Grundfutter 40, 47, 50, 63
Grundstandard 50
Grundwasserverunreinigung 91
Gruppenbucht 88
Gruppenhaltung 52, 66, 72, 86f
Gülle 70, 90f
Güllebehälter 56, 90
Gußasphalt 60f

Händlerstallung 88
Hahnentritt 21, 23
Halbgeschwisterindex 37
Halsgurt 85
Haltungsform 72
Haltungssysteme 27
Haltungsverfahren 71
Handelsklasseneinteilung 107
Hautfarbe 18
Heizung 55, 57f
Herbivor 38
Herdbuch 29, 94
Herdbuchbetrieb 6, 28, 80, 102
Herdbuchsau 96

Herdbuchzüchter 28, 102
Herdbuchzucht 6, 15, 101
Herdendiagnostik 83f
Heritabilität 24, 33f, 36
Heterosis 25f, 32
Hinterlüftung 59f
Histidin 42
Hochbehälter 70f
Hochdruckreiniger 78
Hochsilo 63
Hochzuchtbetrieb 24
Hodenbruch 87
Höhenförderer 66
Hungergefühl 40
Hutungen 9
Hybrideber 103
Hybridferkel 103, 106
Hybridprogramm 26, 29, 32, 81, 94, 96
Hybridsau 103
Hybridzucht 7, 25f
Hybridzuchtbetrieb 102
Hybridzuchtprogramm 7, 18, 95, 101
Hygienemaßnahmen 77, 83f, 99
Hygieneprogramm 101
Hypovitaminose 44
Hysterektomie 81
Hysterotomie 81

Identitätsnachweis 28
Imissionsschutzbedingungen 55
Immunprophylaxe – Schutzimpfung 83
Index 36f
Infektionskrankheit 91
Infektionsprophylaxe 84
Inhaltsstoff 47ff
Inlandserzeugung 1
Innenklima 51
Innenschinken 21, 24
Insektizide 83
Integration, vertikale 100
Intensivhaltung 3, 87, 100
Intensivtierhaltung 76, 83, 104
Intermediärstoffwechsel 41
Investition 2
Inzucht 25
Inzuchtdepression 26
Inzuchtlinien 26
Inzuchtsteigerung 24
Isoleucin 42
Isolierung 54f

Jod 43
Jodmangel 44
Jungeberselektionsindex 37
Jungsau 7, 24
Jungsauenselektion 99

Käfig 72, 87
Kältebrücke 59
Kaiserschnitt 81
Kalium 43
Kalkstickstoff 91
Kapitalbedarf 2, 64, 104
Kapitaleinsatz 104, 106
Kapitalgesellschaft 100
Karpfenrücken 9, 21, 23
Kartellgesetz 100
Kastenstand 65, 71 f
Kastration 87
Katalog 28
Keimgehalt 54
Kennzahl 36
Kennzeichnung 98 f
Klappschieber 67
Kleinbetrieb 2
Klima 84
–, maritimes 70
Klimaschutz 59
Klimazone 8
Kniefalte 22
Knochen, aufgetriebene 23
Knochenbau 9, 22
Kobalt 43
Körbehörde 92
Körperbau 8, 15, 18, 22
Körpergewicht 88
Körperlänge 12
Körperteile 20, 22
Körsachbearbeiter 94
Körung 26, 37, 92
Kohlendioxid 53 f
Kohlenhydrate 41, 44 f, 47
Kohlenmonoxid 54
Kolonkegel 39
Kolostrum 81
Kombinationseffekt 25 f, 32
Kombinationskreuzung 11
Konstitution 22–25
Kontaktaufnahme 85 f
Kontaminationsgefahr 81
Kontrollgruppe 33
Kontrollring 98
Konvektion 52
Korrelation 34
–, genetische 33
Kostenfaktor 82, 89
Kosten, fixe 104
–, variable 104
Kraftfutter 40, 63
Kraftfutterkosten 99
Krankenisolierung 79
Krankenstall 77
Krankheitserreger 89, 81
Krankheitsprophylaxe 99

Krankheitsrisiko 102
Krankheitssymptome 20
Krankheitsverlauf, subklinischer 84
Krankschlachtung 107
Kreislaufbelastung 88
Kreuzung 10, 11, 18
Kreuzungsendprodukt 33
Kreuzungsnachkommen 25
Kreuzungspaarung 32
Kreuzungsprodukt 12, 25, 32, 94
Kreuzungsprogramm 11 f, 15, 18, 26, 33, 35, 94, 96
Kühlung 55, 88
Kulturrasse 8 ff
Kunststoffrost 61
Kupfer 43

Längstrog 62, 72, 75
Landesarbeitsgemeinschaft 93
Landeszucht 6 f, 10 f, 24
Landwirtschaftsamt 100
Landwirtschaftsförderungsgesetz 97
Langlebigkeit 27
Lautäußerung 86
Lebendbeurteilung 20 f
Lebendgewicht 6, 106
Lebendvermarktung 6
Leiden 86
Leistung 36, 84, 105
Leistungsabweichung 35
Leistungsdaten 20
Leistungsdepression 43
Leistungskontrolle 97 ff
Leistungskriterien 107
Leistungsmerkmal 33, 36, 92, 105
Leistungsprüfung 24, 26, 32, 34, 36, 95 f
Leptospirose 80
Leucin 42
Lichtverhältnisse 51
Liegefläche 74, 85, 87 f
Lieschkolbenschrot 63 f
Lochboden 61
Lüftungsanlage 54 f, 58
Luftbewegung 51, 53
Luftdruck 51
Lufterhitzer 58
Luftführung 54
Luftfeuchtigkeit 51 ff
Luftgeschwindigkeit 53, 56
Luftzusammensetzung 51
Lysin 42

Magnesium 43
Maiskolbenschrotsilage 50
Managementkontrolle 27
Mangan 43
Mangelsymptom 44

Marktentwicklung 6
Marktlage 99
Marktstrukturgesetz 100
Mastbetrieb 77, 103 f
Mastdauer 107
Mastende 31
Mastleistung 6, 24 f, 27 f, 31, 33, 84, 95, 107
Mastleistungsprüfung 29, 96
Mastschweinemarkt 5
Medikamentenabgabe 82
Mehrgewinn 106
Mehrzweckschwein 12
Merzung 27
Meßzahl 34
Methionin 42
Mikrozotten 38
Milchleistung 10
Mindestabstand 90
Mindestluftrate 53
Mineralstoffe 41 f, 46 f, 49
–, essentielle 43
Mischanlage 63
Mischfuttermittel 47–50, 65
Mistfläche 74
Mistgang 74 f, 90
Molybdän 43
Muskeldegeneration 44
Muttereigenschaften 18

Nabelblutung 44
Nachfrage 4, 5
Nachkommen 32, 34 f
–, Leistung 30, 36
Nachkommenprüfung 27, 29, 31, 35, 95
Nährstoffbedarf 50
Nährstoffgehalt 46
Nährstoffkonzentration 40
Narkose 87
Natrium 43
Nebenbucht 72
Nettoenergie 41
N-freie-Extraktstoffe 46 f
Nickel 43
Nierendruck 21, 23
Nikotinsäure 45
Nippeltränke 63
Normtyp 47 f
Notschlachtung 84, 107
Notstromaggregat 58
Nutzleistung 33, 35
Nutzungsdauer 7, 105 f
Nutzungskosten 64, 102

Oberflächentemperatur 52
Olfaktometer 89
Osteomalacie 43
Ozon 90

Paarhufer 8
Paarung 24 f
Paarungsplanung 95
Pantothensäure 45
Parakeratose 44
Parameter 29
Pellets 31
Pendelschieber 67
Pepsin 38, 40
Personenschleuse 78
Phänotyp 34, 36
Phenylalanin 42
Phosphor 43
Plattenheizkörper 58
Platzanspruch 86
Population 24, 26, 30, 33 ff
Populationsanalyse 29, 95
Präputialbeutel 23
Prägung 85
Preisabsprache 100
Preisentwicklung 6
Preisschwankungen 3
Primärbestand 81
Proband 35 f
Produktionsebene 97
Produktionselastizität 3, 5
Produktionsfaktor 102, 105
Produktionskontrolle 83
Produktionsleistung 26 f
Produktionstechnik 99
Produktionswert 1, 5
Profillinie 9, 12, 15, 18
Prophylaxe, chemische 83
Prophylaxeprogramm 76, 101
Protein 41, 46
Proteinsynthese 42
Prüfbericht 32
Prüfstation 96
Prüfungsabschnitt 33
Prüfungsanstalt 95, 96
Prüfungsendgewicht 30
Prüfungsgruppe 31
Pseudowut 80
Pumpensumpf 70
Pyridoxin 45

Quarantäne 22, 77, 79
Quertrog 62, 72, 75

Rachitis 44
Räudemilben 80
Rahmen 21 f
Rangkämpfe 86
Rassen
    Angler Sattelschwein 10 f
    Bayeux 18
    Belgische Landrasse 7, 11, 15, 25

Berkshire 18
Bindenschwein 8
Deutsche Landrasse 7, 10f, 24ff, 30f
Deutsche Landrasse B 11, 14f, 26, 30f
Deutsches Landschwein, veredeltes 11
– Piétrain 7, 11, 17, 18, 25, 26, 30, 31
– weißes Edelschwein 10f, 15f, 26, 31
Berkshire 10f
Cornwall 10
Duroc 11, 18f
Große schwarze Schweine – Large Black 10
Große weiße Schweine – Large White 10f, 15
Hampshire 11, 18f
Keltisch-germanisches Schwein 10
Kleine schwarze Schweine – Small Black 10
Kleine weiße Schweine – Small White 10
Leicester 10
Maskenschwein 8
Mittelgroße schwarze Schweine – Middle Black 10
Mittelgroße weiße Schweine – Middle White 10
Mittelmeerschwein – Sus mediterraneus 9
Neapolitanisches Schwein 10
Nordwestdeutsches Marschschwein 10
Schwarz-weiße Schweine – Saddle Back 10
Siamesisches Schwein 8ff
Tamworth 10
Wildschwein, Asiatisches – Sus vittatus 8f, 11
Wildschwein, Europäisches – Sus scrofa ferus 8ff
Yorkshire 10, 15, 18
Rationsberechnung 43
Rationsgestaltung 49
Rationszusammenstellung 42
Rausche 29
Rechtsform 94, 100
Referenzpreis 6
Regression 30, 36f
Rein-Raus-Verfahren 31, 79
Reinzucht 15, 18, 24, 33f, 95, 106
Reinzuchtbetrieb 6
Remontierungsbedarf 7
Rentabilität 5, 105, 107
Reproduktionsleistung 26f, 44
Restsubstanz, organische 48f
Rhinitis atrophicans – Schnüffelkrankheit 80
Riboflavin 45
Risikofaktor 76
Rohasche 46, 49
Rohfaser 41, 46f, 49
Rohfett 46–49
Rohnährstoffe 46
Rohprotein 46–49
Rohrverteilungssystem 63
Rostboden 61, 73, 87
Rotlauf 79

Rohwasser 46
Rückenlinie 23, 30
Rückenmuskelfläche 15, 31f
Rückenspeckdicke 30, 96
Rückresorption 41
Rüsselscheibe 22
Rumpflänge 87
Rundtrog 62, 75

Säugezeit 29
Sanierungsprogramm 101
Sauenkäfig 73
Schadgase 55f, 69f
Schinkenansatz 23
Schinkenanteil 31f
Schlachteigenschaft 12, 32
Schlachtgewicht 6, 12, 31, 88
Schlachtkörper 11f, 83
Schlachtkörpermerkmal 30, 32, 35
Schlachtkörperqualität 64
Schlachtkörperwert 28, 31, 33
Schlachtkörperzusammensetzung 24
Schlachtleistung 25ff, 29, 31, 84, 95
Schlappohren 8, 12, 15, 18
Schnüffelkrankheit 22, 80
Schubstangenentmistung 66f
Schutzbügel 72
Schutzimpfung 83
Schwefelwasserstoff 53f, 89
Schweinedysenterie 80
Schweinegesundheitsdienst 22, 80, 82, 99, 101
Schweine-Großvieheinheit 65, 67, 70
Schweinepest 79
Schweinezyklus 3ff
Segmentdecke 70
Seilzugentmistung 66
Sekundärbestand 81
Selbsttränke 45, 62f, 72
Selbstversorgungsgrad 1
Selektion 10ff, 15, 24, 26, 29, 34, 91, 95
Selektionsindex 20, 36
Selektionsintensität 35
Selektionsmaßnahmen 25
Selektionsmerkmal 33
Selen 43f
Senkrücken 21, 23
Sojaextraktionsschrot 43, 46
Sozialverhalten 86
Spaltenboden 52, 57, 61, 74, 75
Speckdicke 22, 30, 32, 34
Speckmaß 30f
Speicherverfahren 68, 70
Speiseabfälle 79
Spezialkosten, proportionale 105
SPF-Ferkel 81, 87
SPF-Status 81
SPF-Verfahren 80

Stallabluft 58, 90
Stallboden 61f, 72f
Stalldesinfektion 91
Stallheizung 52
Stallklima 51, 87, 90
Standortwahl 54f, 77, 90
Stationsprüfung 32f, 96
Stau-Schwemmverfahren 69f
Stauschwelle 68f
Stehohren 8, 15, 18
Stellungsfehler, 21, 23
Stichprobentest 29, 32, 94, 96
Stoffwechsel, intermediärer 52
Stoffwechselstörung 42
Strahlenpilz 21, 23
Streßanfälligkeit 15, 18, 24
Stülpzitzen 21, 23
Summenzahl 48
System, geschlossenes 5

Tätowierung 28
Tauchzunge 69
Teilkostenrechnung 104f
Teilrostboden 73
Teilspaltenboden 66, 71, 73ff
Teilstücke, wertvolle 12, 20, 33
Temperament 21
Temperatur 51, 53
Tertiärbestand 81
Thermoregulation 51
Thiamin 45
Threonin 42
Tieflaufstall 65f, 73
Tierkörperbeseitigungsanstalt 79
Tierschutz 85ff
Tiertransport 77
Tierzuchtgesetz 24, 26, 33, 92
Tierzuchtverwaltung 94, 97
Trächtigkeitsrate 29
Tränkeeinrichtung 62
Transmissible Gastroenteritis 80
Treibmistverfahren 68, 70
Trockenfütterung 63f
Trockensubstanz 46, 48
Tryptophan 42
Typ, frühreif 8, 10f, 15
–, spätreif 9, 22

Überdruckbelüftung 57
Überdruck-Lüftungsanlage 58
Überdrucksystem 56
Ultraschall 30, 99
Umrauschen 106
Umwälzbelüftung 91
Umweltbelastung 88ff
Umwelteffekte 35
Umweltschutz 85, 88

Unterdruckanlage 58
Unterdrucklüftung 56
Unterflurentlüftung 57
Uterus 81

Vagina 23
Valin 42
Variabilität 12, 15
Varianz, genetische 34f
Ventilator 55–58
Verdaulichkeit 46f
Verdauung 38–41
Verdrängungskreuzung 11f
Veredelungskreuzung 10, 12
Verein, eingetragener 94, 97
Vergleichsdurchschnitt 36f
Vergleichsgruppen 32
Verhalten 85
Verkaufserlös 107
Verletzungsgefahr 60
Vermarktung 3, 6f, 95, 97
Vermarktungsorganisation 97
Vermehrungsbetrieb 7, 103
Versandschlächtereien 6
Viehseuchengesetz 83
Vierrassenkreuzung 11, 26, 103
Vierschinkenschwein 12
Vitamine 44, 49
Vollgeschwisterindex 37
Vollkostenrechnung 104f
Vollspalten 72ff, 85
Vorderschinken 21
Vorfahrenleistung 36
Vorgrube 69ff
Vormaststall 58
Vorzüglichkeit, ökonomische 27

Wachstum, kompensatorisches 104
Wärmeabgabe 52, 55
Wärmebilanzgleichung 55
Wärmedämmung 54f, 59f
Wärmedurchgangszahl 59
Wärmehaushalt 52, 54f
Wärmeisolation 52, 56
Wärmekonvektor 58
Wärmeleitung 52
Wärmerückgewinnung 58
Wärmeschutz 52, 55, 58
Wärmestau 53
Wamme 22
Warmluftheizung 58
Wasseraufnahme 88
Wasserbedarf 45
Wasserhaushalt 41, 55
Wasserversorgung 62
Wasserzuteilung 72
Weender-Analyse 46

Wertigkeit, biologische 42
Widerrist 20 ff
Wirtschaftlichkeit 76, 92, 106
Wirtschaftlichkeitskontrolle 97 ff
Wurffolge 106
Wurfgewicht 28
Wurfzahl/Jahr 28

Zapfentränke 62 f
Zentrale Züchtungsanlage 95
Zink 43 f
Zinkphosphid 79
Zitzenmängel 21
Zuchtfortschritt 24, 35, 96, 106
Zuchtgrundlage 102
Zuchtleistung 29, 33
Zuchtleistungsprüfung 28 f, 96
Zuchtlinie 103
Zuchtmethoden 24
Zuchtrichtung 15
Zuchtsysteme 27
Zuchttauglichkeit 92
Zuchttier 6 f, 20, 22, 95
Zuchtunternehmen 94
Zuchtverband 28, 32, 93
Zuchtverwendung 92
Zuchtwert 32, 34 ff, 92
Zuchtwertschätzung 27, 34, 36, 95
Zuchtziel 11 f, 15, 22, 24, 33 f, 36, 92, 94
Züchtervereinigung 28, 92, 97, 102
Züchtungsverfahren 93
Zugluft 53, 56
Zuluft 56 ff
Zunahme, tägliche 15, 18, 22, 27, 29–36, 80, 96, 99, 107
Zungenventiltränke 63
Zusammenschluß, horizontaler 97
Zusammensetzung-Stalluft 53
Zwangsbelüftung 55
Zweiergruppe 95
Zweirassenkreuzung 25 f
Zweischichtenestrich 61
Zwischenhandel 6
Zwischenwurfzeit 28, 106
Zwischenzitzen 21, 23

Brem

ISBN 3-432-92791-6

Grundlagen der Schweineproduktion

Ihre Meinung über dieses Buch ist für uns von großem Interesse.
Bitte beantworten Sie uns deshalb ein paar Fragen.

Bitte trennen Sie dieses Blatt heraus und senden Sie es im
Kuvert an: Ferdinand Enke Verlag
 Postfach 1304
Besten Dank für Ihre Bemühungen! D-7000 Stuttgart 1

Qualität des Inhalts

1. Wie ist das Thema behandelt?

   ☐ zu ausführlich ☐ angemessen
   ☐ zu kurz ☐ _____

2. Wie ist der Stoff dargestellt?

   ☐ schwer verständlich ☐ unübersichtlich
   ☐ gut verständlich ☐ anschaulich
   ☐ weitschweifig ☐ didaktisch gut gegliedert
   ☐ _____ ☐ _____

3. Welche zusätzlichen Forderungen sähen Sie gern erfüllt?

   ☐ Text ausführlicher Sachregister
   ☐ mehr Tabellen und Grafiken ☐ nicht ausreichend
   ☐ mehr Abbildungen ☐ ausreichend
   ☐ straffere Gliederung Literaturverzeichnis
   ☐ stichwortartige ☐ zu lange
    Zusammenfassungen ☐ ausreichend
   ☐ _____ ☐ zu kurz

   bitte wenden!

Qualität der Ausstattung

	sehr gut	gut	ge- nügend	unge- nügend
Druck				
Papier				
Abbildungen				
Tabellen, graf. Darstellungen				
Gliederung				
Einband				

Bemerkungen:

_____

_____

_____

_____

_____

_____

_____

Wir nehmen Sie gern in unsere Informationskartei auf.
Bitte machen Sie uns dazu ein paar Angaben:

Name, Vorname

Adresse

Beruf (Studienfachrichtung)

Semesterzahl